纪念反法西斯战争胜利70周年精品献礼

A COLLECTION OF WORLD CLASSIC WEAPONS

世界经典武器装备

陆战武器

李斌◎主编

中国经济出版社
CHINA ECONOMIC PUBLISHING HOUSE
·北京·

图书在版编目（CIP）数据

经典陆战武器装备 / 李斌主编.

北京：中国经济出版社，2015.6

ISBN 978-7-5136-3736-7

Ⅰ. ①经… Ⅱ. ①李… Ⅲ. ①陆军装备—武装装备—世界—普及读物 Ⅳ.①E92-49

中国版本图书馆CIP数据核字（2015）第039182号

责任编辑　丁　楠

责任审读　贺　静

责任印制　马小宾

封面设计　久品轩

出版发行　中国经济出版社

印 刷 者　北京科信印刷有限公司

经 销 者　各地新华书店

开　　本　787mm × 980mm　1/16

印　　张　21

字　　数　263千字

版　　次　2015年6月第1版

印　　次　2015年6月第1次

定　　价　158.00元

广告经营许可证　京西工商广字第8179号

中国经济出版社 网址www. economyph.com　社址 北京市西城区百万庄北街3号　邮编100037

本版图书如存在印装质量问题，请与本社发行中心联系调换（联系电话：010-68330607）

编委会

主　　编　李　斌

副 主 编　崔晓晖　赵　丽

编　　者　李　斌　崔晓晖

　　　　　赵　丽　崔子庆

前言

战争是人类亘古以来永恒的话题，遏制战争并最终消灭战争是人类的最高愿望。在和平与发展仍然是当今世界主题的时代背景下，其实世界并不太平，战火从未间断，战争的风险依旧存在。因此，热爱和平，我们必须研究战争。

战争是一门高深的艺术，研究战争的方法多种多样。从武器装备入手，了解武器装备的作用机理、武器装备的历史演变、武器装备在战争中的运用，是认识战争、剖析战争的不二法门。

本系列丛书从武器装备的起源说起，阐述了武器装备的特点、分类以及未来的发展，精心挑选了具有代表性的经典武器装备加以详尽介绍，并通过生动的事例讲述了主要武器装备在战争以及重大事件中的运用，期望为读者朋友提供一个了解武器装备、研究武器装备、提高武器装备鉴赏能力的全新平台。

目 录

第一章 手枪

第二章　步枪

第三章　机枪

第四章　地面火炮

第五章　高射炮

第六章　坦克

第七章　直升机

第一章　手枪

一、手枪概述

手枪是一种近战武器，英文名称为 Pistol，具有体积小、重量轻、结构简单、杀伤力较强等特点，是军人必备的自卫武器，主要配发给军官、宪兵、特战分队、保卫人员，以及那些不便于携带步枪等较重武器的值勤人员，主要用于近战和自卫，杀伤近距离内的有生目标。

（一）手枪的历史

14 世纪初或者更早，在中国和普鲁士几乎同时出现了手枪的雏形。据史料记载，中国最早出现的手枪是一种被称为手铳的小型铜制火铳。持铳者从火铳的前面填装火药、引线，然后塞进一些铁丸，一手持铳，一手点燃引线，利用铁丸和火焰杀伤敌人。

欧洲最早的手枪雏形出现于 1331 年。当时，普鲁士骑兵使用了一种短小的点火枪，把它挂在脖子上，一手握枪，一手拿点火绳引燃火药

遂发手枪

MAGNUM RESEARCH INC. MINNEAPOLIS MINN.
MADE IN ISRAEL
ENFORCEMENT
SPEER

以色列“沙漠之鹰”手枪

进行射击。

19 世纪末出现了半自动手枪。所谓半自动手枪，也称为自动手枪，就是第一发子弹人工上膛后，后续的子弹可以自动装填上膛，每扣动一次扳机，只能打出一发子弹。20 世纪初半自动手枪得到迅速发展，到第一次世界大战时手枪在战场上的地位完全被确定下来。

手枪从诞生到现在，大致经历了火门手枪、火绳手枪、转轮发火手枪、打火手枪、燧发手枪、击发手枪、转轮手枪、自动手枪。当今所说的手枪大多是击发手枪、转轮手枪和自动手枪。

（二）手枪的分类

手枪是最富变化的一种武器，按构造原理可分为单发手枪、转轮手枪、自动手枪；按外形尺寸可分为袖珍手枪、中型手枪和大型手枪。

其中，单发手枪是指装填一次只能发射一发子弹的手枪，也是构造最简单的手枪。转轮手枪，转轮上通常有 5 ~ 6 个弹巢，一般转轮手枪的转轮都是从左侧摆出装弹，因此也称左轮手枪。多数自动手枪可以自动装填单发子弹，弹匣通常装在握把内，容弹量一般为 6 ~ 12 发，有的可达 20 发，有些手枪可以单发射击，有些还可以连发射击。

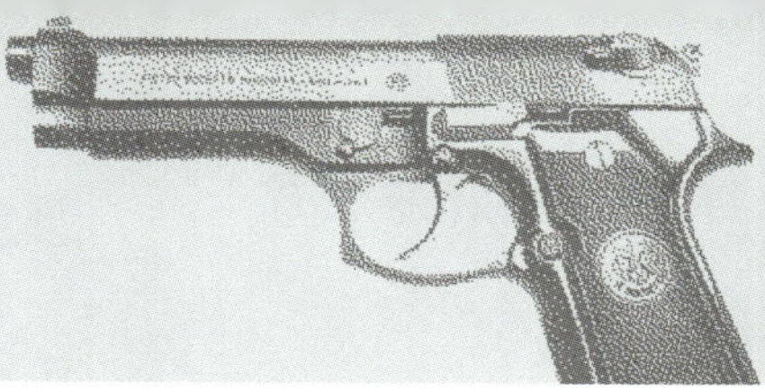

（三）手枪的结构

转轮手枪在结构上与其他枪械有较大的区别，通常由枪底把、转轮及其回转、制动装置和闭锁、击发、发射机构等组成。其他手枪主要包括套筒、复进簧、手动保险、握把、弹夹、弹夹卡榫等零部件。

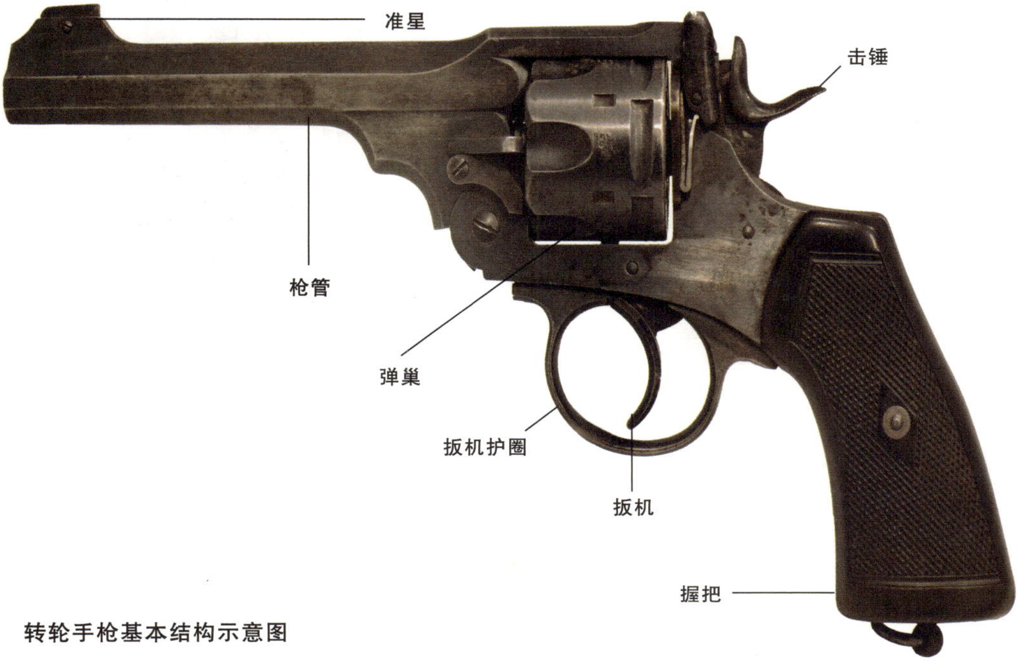

转轮手枪基本结构示意图

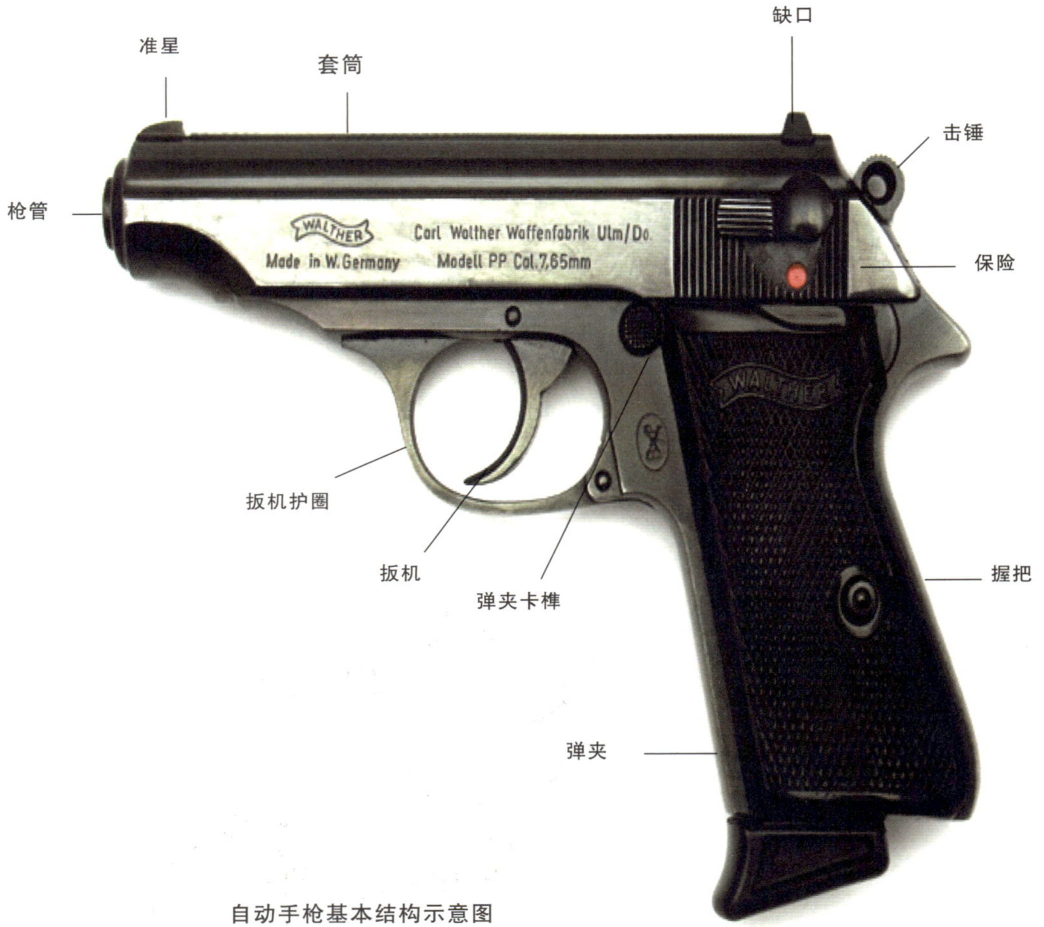

自动手枪基本结构示意图

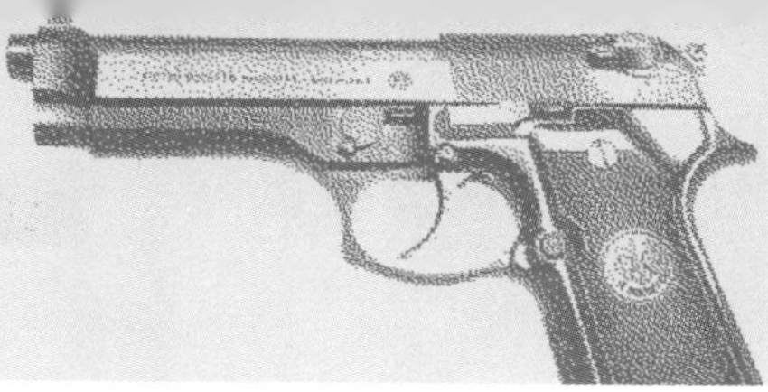

（四）手枪的特点

一是重量轻、体积小，军用手枪在装满子弹的情况下，一般重 1 千克左右，便于随身携带。

二是枪管较短，口径一般为 7.62 ~ 11.43 毫米，有效射程一般为 50 米，通常适合于杀伤近距离内的有生目标。

三是弹匣供弹，左轮手枪容弹量较小，一般为 5 ~ 6 发；自动手枪弹匣容量大，多为 6 ~ 1 2 发，有的可达 20 发。

四是大多数手枪采用半自动（单发）射击，但也有少数手枪（如冲锋手枪）可进行全自动（连发）射击。前者战斗射速为 30 ~ 40 发 / 秒，后者战斗射速高达 120 发 / 秒左右。

（五）手枪的未来

作为一种最古老的陆战兵器，至今仍有数以千万计的手枪在各国军队中服役，并且手枪技术仍在不断发展。

一是重点发展双动手枪，减少手枪操作程序，提高手枪的操作安全性，避免意外走火。单动手枪与双动手枪的主要区别在于，双动手枪在膛内有子弹的情况下，可以把击锤放回，射击的时候不用先扳起击锤，直接扣动扳机，击锤会先向后倒，然后向前回转撞击击针，将子弹射出。而单动手枪如果上膛后放回击锤，则无法直接扣扳机让击锤先向后倒再回转打击，而是必须先用手朝后扳到位，然后扣扳机才能击发。

二是大力发展进攻型手枪，主要是发展口径大、弹匣容量大、射击速度快的手枪，以便当步枪和机枪受损时可以充当进攻性武器使用。

三是提高手枪系列化、配套化、通用化程度，实现不同型号手枪之间的枪管、复进簧、弹匣等部件以及子弹能够互通互换。

二、陆战经典手枪

（一）美国史密斯 & 韦森 M1 左轮手枪

史密斯 & 韦森 M1 左轮手枪由美国枪械工匠和发明家霍勒斯·史密斯和丹尼尔·贝尔德·韦森于 1856 年 8 月设计发明，因此，该枪被称为史密斯 & 韦森 M1 左轮手枪。

该枪作为现代左轮手枪的早期杰出代表，做工细致、样式小巧，开创了可后膛装填边缘发火式枪弹的先河。早期的史密斯 & 韦森 M1 左轮手枪长 178 毫米，配有口径为 5.58 毫米的子弹，弹巢容量 7 发，装弹后整枪重 0.34 千克。该枪当时每把售价只有 12 美元，另外再加 75 美分就可买到 100 发枪弹，因此非常受欢迎。

史密斯 & 韦森 M1 左轮手枪的“通透转轮”样式堪称经典，直至今天，各种各样的左轮手枪的转轮都与它没有太大的区别。该枪操作方便，取出转轮装填子弹完毕后，通过扣动扳机，子弹依次被击发；子弹全部打完后，将转轮取出，再用枪管下方的退壳杆将弹壳分别顶出，就可以重新装弹了。

主要参数	
口　　径	5.58 毫米
全 枪 长	178 毫米
枪　　重	0.34 千克
装 弹 量	7 发

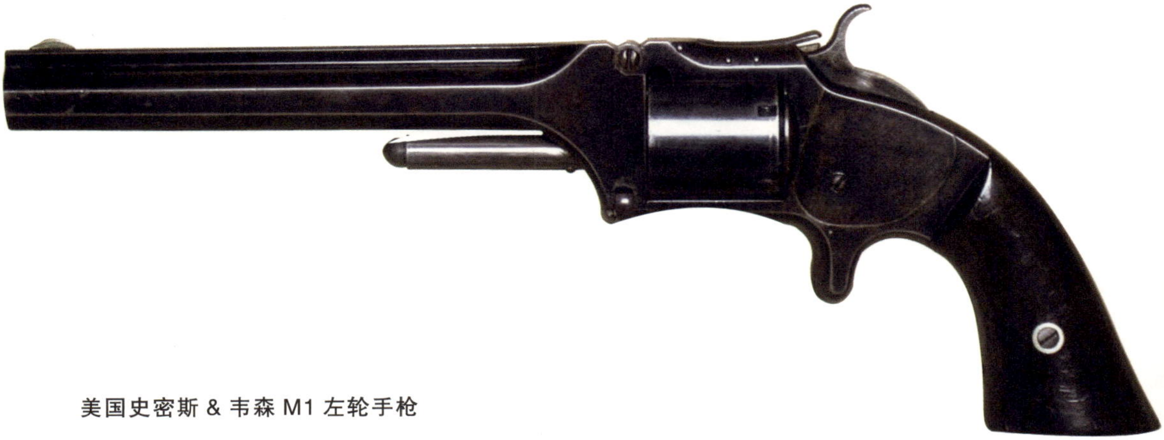

美国史密斯 & 韦森 M1 左轮手枪

（二）德国毛瑟 C96 手枪

毛瑟 C96 手枪由德国著名枪械设计师彼得·保罗·毛瑟研制，德国毛瑟兵工厂生产，该枪口径为 7.63 毫米，1896 年投入生产，命名为 1896 式毛瑟手枪，简称 C96。因其枪套是一个木制的盒子，中国人称之为“盒子炮”，也有的称为“驳壳枪”，该枪在中国可谓家喻户晓。

毛瑟 C96 采用弹仓式供弹，带弹数量多，弹匣容量 10 ~ 20 发。该枪射击速度快，枪口初速达到 425 米 / 秒，火力猛、威力大，战斗表现明显好于转轮手枪。该枪配有木制枪套，射击时手枪与枪套结合在一起，可以抵肩射击，提高了射击时的稳定性和射击距离。

在第一次世界大战中，该枪作为世界上性能最出色的手枪而风靡欧亚大陆，战争结束前，共有 13.5 万支各型毛瑟手枪装备德国陆军。正因为该枪性能优越，该枪也成为了世界上许多国家竞相仿制的对象。

主要参数	
口　　径	7.63 毫米
全 枪 长	312 毫米
枪 管 长	140 毫米
空 枪 重	1.13 千克
子弹初速	425 米 / 秒
装 弹 量	10/20 发
有效射程	150~200 米

可以当枪用的枪套

德国毛瑟 C96 手枪

（三）德国鲁格 P08 手枪

鲁格 P08 手枪由乔治·鲁格于 1902 年设计，1904 年装备德国海军，1908 年被德国陆军正式采用，是当时最具魅力的半自动手枪。该枪最初由德国武器与弹药兵工厂生产，1933 年希特勒执政后，大部分生产任务交由毛瑟公司。

鲁格 P08 结构独特，造型优雅，做工精良，采用了枪管短后坐自动方式与肘节式枪机闭锁机构，后坐力大大减小。所谓肘节式原理，即类似于人类的手肘，伸直时，可以抵抗很强的力量，一旦弯曲，很容易继续收缩。

鲁格 P08 有 7.65 毫米和 9 毫米两种口径，其中 9 毫米手枪是为了迎合对大威力手枪的需求于 1936 年而设计的，使用 9 毫米帕拉贝鲁姆弹。该枪主要有标准型（枪管长 102 毫米）、海军型（152 毫米）、炮兵型（203 毫米）、卡宾枪型（298 毫米）和商用型（89 毫米、120 毫米、191 毫米、254 毫米、610 毫米）等 5 种型号，其中炮兵型射击精度最高，可 100% 命中 200 米外的人头靶。

该枪从 1908 年到 1938 年一直作为德国单兵自卫武器，后来被德国卡尔·瓦尔特武器制造厂生产的 P38 手枪取代，服役年限高达 30 年，

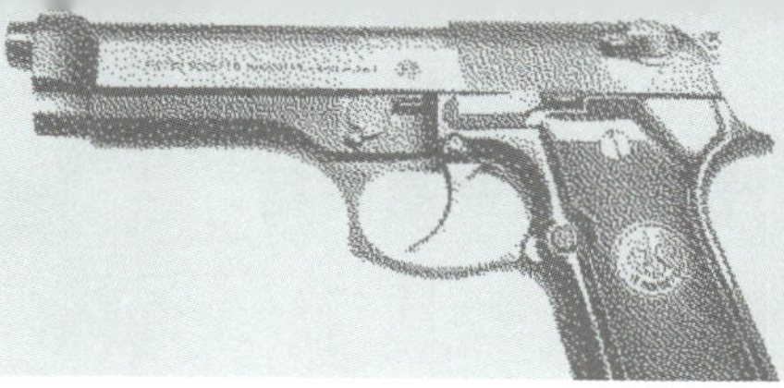

直到 1942 年年底才正式停产，共生产约 205 万支。当年，日本仿造该枪生产了大正十四年式手枪，中国人称之为“王八盒子”。

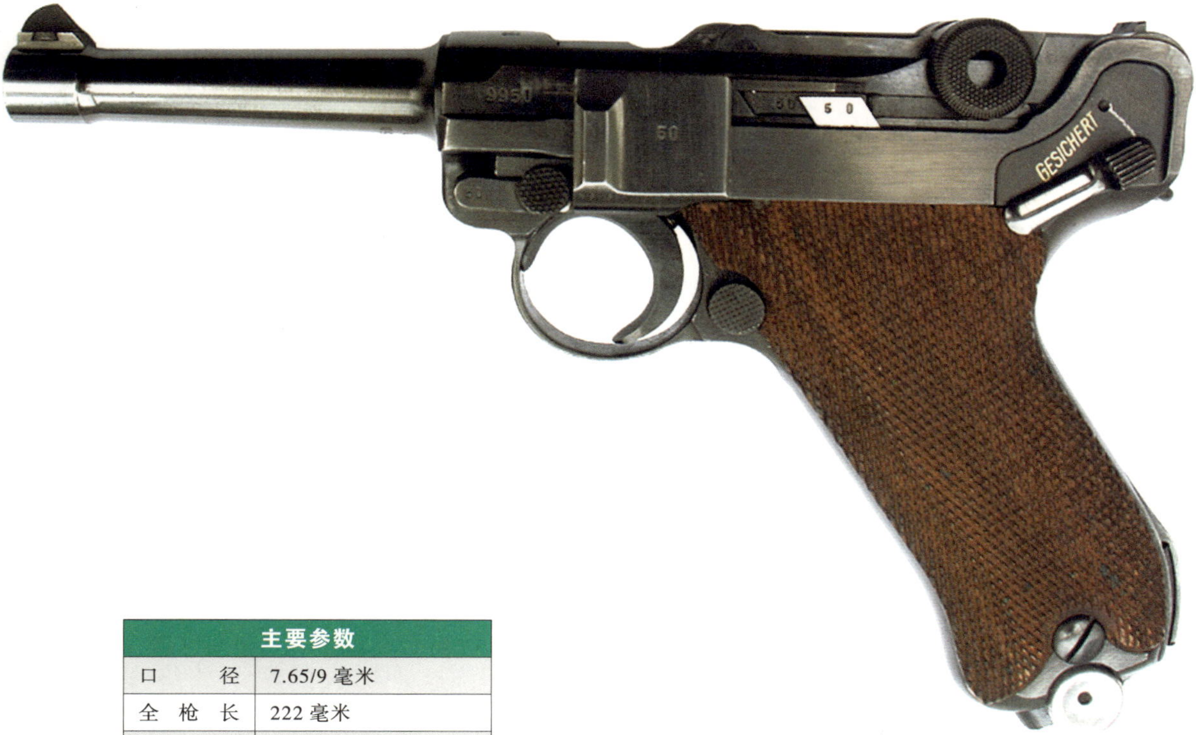

主要参数	
口　　径	7.65/9 毫米
全 枪 长	222 毫米
枪　　重	0.87 千克
枪 管 长	102~298 毫米
子弹初速	350~400 米 / 秒
装 弹 量	弹匣 8 发，弹鼓 32 发
有效射程	50 米

德国鲁格 P08 手枪

（四）美国柯尔特 M1911 手枪

柯尔特 M1911 手枪源自勃朗宁 M1905 手枪，由美国著名的枪械设计师勃朗宁于 1910 年年底完成改进设计，然而其专利权却被勃朗宁公司的竞争对手柯尔特公司买下。从 1911 年开始，该枪就成为了美军的制式手枪，命名为 M1911 0.45 英寸（11.43 毫米）半自动手枪。1922 年该枪经过一些改进后命名为 M1911A1，1926 年装备美军。

M1911 是世界上装备时间最长、装备数量最多的手枪之一，直至 1985 年退出现役。在第一次世界大战期间，M1911 0.45 共生产了 45 万把，手枪的底把上印有“UNITED STATES PROPERTY”（美国财产），套筒上刻有“DEL OF 1911 U.S.ARMY”（ 美国陆军 1911 型）。其后来的改进型 M1911A1 曾先后参加了第一次世界大战、第二次世界大战、朝鲜战争和越南战争，生产数量超过 250 万支，这一惊人的纪录始终未被其他手枪打破。

M1911 采用枪管短后坐式自动方式，枪管长 127 毫米，弹匣容量 7 发，发射 11.43 毫米柯尔特手枪子弹，子弹重达 15.16 克，子弹初速 251 米 / 秒，射击精度高，子弹不易发生横转，威力远远大于 9 毫米子弹。

M1911 手枪性能十分稳定可靠，除了装备美军外，该枪还被英国、挪威、泰国、新加坡、韩国等国军队采用，另外，西班牙、阿根廷、墨西哥等国对该枪还进行了仿制。

主要参数	
口径	11.43 毫米
全枪长	210 毫米
枪管长	127 毫米（政府型） 108 毫米（指挥官型） 89 毫米（军官 ACP 型）
枪重	1.105 千克
弹匣容量	7 发
子弹初速	251 米 / 秒
有效射程	50 米

美国柯尔特 M1911 手枪

（五）比利时勃朗宁 M1935 手枪

勃朗宁 M1935 手枪又称为 GP35，由著名枪械设计大师约翰·勃朗宁和迪厄多内·J. 赛弗共同设计，由比利时 FN 公司生产。其中 GP 在法语中意思是大威力（Grande Puissance），在英语国家则称之为勃朗宁大威力自动手枪，简称 BHP。

20 世纪 20 年代初，勃朗宁应法国陆军的要求开始了设计新枪的工作。当时，他共设计出两种型号，其中第二种型号就是 M1935 的原型，采用可容弹 15 发的双排弹匣。1926 年，勃朗宁因心脏病突然去世。后来，经赛弗的不断改进，该枪于 1934 年正式定型，命名为 M1935，弹匣容量改为 13 发，而同期手枪的弹容量一般为 7 ~ 10 发。

该枪之所以被称为“大威力”手枪，主要在于它发射的是 9×19 毫米帕拉贝鲁姆子弹，其枪口动能达到 490 焦耳，在 50 米上的落点动能达到 365 焦耳，比此前的勃朗宁 M1900、M1906、M1910 等的杀伤力要大得多。

M1935 是勃朗宁的晚年力作，其结构新颖、设计独特，在当时来说是一个创造性的产品。1935 年，该枪正式装备比利时军队。第二次世界大战前，FN 公司共生产了 3.5 万支。二战期间，德国占领比利时后，将此枪改称为 P640，共生产了 30 万支，装备自己部队。

主要参数	
口　　径	9毫米
全 枪 长	197毫米
枪 管 长	119毫米
枪　　重	1千克
子弹初速	335米/秒
弹匣容量	13发
有效射程	50米

比利时勃朗宁 M1935 手枪

（六）意大利伯莱塔 92 型手枪

伯莱塔 92 系列手枪由意大利伯莱塔公司于 1976 年开始陆续推出，主要装备意大利军队和警察。1978 年，美国空军提出采购一种新的 9×19 毫米口径半自动手枪，用来取代柯尔特 M1911A1 半自动手枪。1980 年年底，在众多厂商的竞争中，伯莱塔公司设计的 92S 型（92S-1）技压群雄，得到美国空军的充分肯定。1981 年，由于美国陆军不相信空军测试结果，1984 年年初，美国军方又组织了一次更为严格的试验。1985 年 1 月 14 日，美国陆军正式宣布伯莱塔 92SB-F 获胜。

伯莱塔 92SB-F 是 92SB 的改进型，为方便双手握持射击，扳机护圈前端形状改为内凹设计，后来伯莱塔公司觉得 92SB-F 这个名字太长，重新更名为 92F。该枪于 1985 年开始被美军列为制式装备，命名为 M9 式手枪。

伯莱塔 92F 型手枪射击精度高，故障率低，能够适应风沙、尘土、泥浆等恶劣战斗条件。枪从 1.2 米高处跌落不会产生走火，枪管使用寿命长达 10000 发，枪表面采用无光泽的聚四氯乙烯涂层，不反光、耐腐蚀。该枪发射 9 毫米帕拉贝鲁姆子弹，全长 217 毫米，空枪重 0.97 千克，初速 365 米 / 秒，有效射程 50 米。

意大利伯莱塔 92F 型手枪

主要参数（伯莱塔 92F）	
口　　径	9 毫米
全 枪 长	217 毫米
枪 管 长	125 毫米
枪　　重	0.97 千克
弹匣容量	15 发
子弹初速	365 米 / 秒
有效射程	50 米

（七）捷克 CZ75 手枪

CZ75 手枪由捷克约瑟夫·库斯基和弗朗泰斯克·库斯基兄弟设计。20 世纪 70 年代，作为华沙条约组织的一个成员，捷克斯洛伐克决定设计一种新枪，要求该枪不仅弹匣容量要大，采用双动板机，而且还要能够发射 9 毫米北约标准手枪弹。于是，库斯基兄弟俩博采众长，设计出了一支集其他世界名枪优点于一身的 CZ75 型 9 毫米双动手枪。

CZ75 手枪布局精巧，握把设计以人体工程学为基础，握把周径极小，握把护片有胡桃木和塑料两种，手感舒适，适合手掌较小者使用。发射机构采用双动原理，大多数型号为单 / 双动击发，并在底把上有手动保险柄和外露击锤，使用简便快捷。该枪发射 9 × 19 毫米帕拉贝鲁姆子弹，弹匣容量 15 发，通过转换套件，还可发射多种型号子弹。

该枪于 1976 年开始生产，作为捷克斯洛伐克军人和警察的配枪。该枪有 CZ75、CZ75B、CZ85、CZ85B、CZ75BD、CZ97B 等多种型号，销往世界 70 多个国家和地区。冷战时期，由于欧美市场上基本看不到社会主义国家研制的手枪，刚接触 CZ75 时西方人觉得非常新鲜，不仅如此，由于该枪性能可靠、射击精度高，所以很受西方人的欢迎。

主要参数	
口　　径	9 毫米
全 枪 长	206.3 毫米
枪 管 长	120 毫米
枪　　重	1.12 千克
弹匣容量	15 发
有效射程	50 米

捷克 CZ75 手枪

（八）美国卡利科 M950 手枪

卡利科 M950 手枪是一款由美国卡利科枪械公司研制的半自动手枪。该枪兼具自动手枪和冲锋枪的特征，外形类似冲锋枪，但尺寸比冲锋枪小，因此，也称为卡利科 M950 冲锋手枪。

该枪供弹体系极为特殊，顶部拥有一个螺旋式弹匣，弹容量极大，可带弹 50 发或 100 发，子弹通过纵向运动被送入枪膛。

该枪火力猛，射击精度高，重量轻，外形尺寸小，自卫及突击能力强，枪长 279 毫米，发射 9×19 毫米帕拉贝鲁姆手枪子弹，配有激光瞄准具，空枪重仅为 1.02 千克，带 50 发弹匣重 1.81 千克，非常适合空降部队、小分队指挥员、侦察兵、汽车兵、炮手、导弹手、后勤人员等使用，堪称带弹数量最多的手枪。

美国卡利科 M950 手枪

主要参数	
口　　径	9 毫米
全 枪 长	355 毫米
枪 管 长	152.4 毫米
枪　　重	1.02 千克（空枪），1.81 千克（50 发子弹），2.63 千克（100 发子弹）
装 弹 量	50/100 发
子弹初速	393.2 米 / 秒
最大射程	274 米
有效射程	60 米

（九）苏联托卡列夫 TT1933 手枪

TT 手枪是由苏联著名枪械设计师托卡列夫设计，图拉兵工厂生产的一种半自动手枪。因此，在命名时取了设计者和制造厂的名称首位字母，称为 TT 手枪。该枪于 1930 年装备苏军，成为苏联的军用制式手枪，命名为 TT1930，也称为托卡列夫手枪。此后，经过一些小小的改良及简化后，改称 TT1933。

20 世纪 30 年代以来，苏制手枪自成体系。发射 7.62×25 毫米托卡列夫子弹，弹匣容量 8 发，威力大、穿透力强。全枪由枪管、上节套、下节套、复进装置、扳机、弹匣等组成，简单紧凑、使用方便，是苏军装备的第一种自动装填手枪，是第二次世界大战苏军的主要自卫武器，被苏军官兵称为忠实的伙伴，现已退役。

主要参数	
口　　径	7.62 毫米
全 枪 长	194 毫米
枪 管 长	116 毫米
枪　　重	0.85 千克（含空弹匣），0.94 千克（装满子弹）
子弹初速	480 米 / 秒
战斗射速	25 发 / 分
弹匣容量	8 发
有效射程	50 米

苏联托卡列夫 TT1933 手枪

（十）德国瓦尔特 P99 手枪

瓦尔特 P99 是一款由德国卡尔·瓦尔特运动枪有限公司制造的半自动手枪。该枪以 P88 手枪为基础，1994 年开始设计，1996 年对外公开，命名为 P99 自动手枪，主要装备德国、波兰、英国、加拿大、马来西亚、芬兰等国家陆军、特种部队及警方。

该枪主要有 P99AS（单 / 双动，标准型）、P99DAO（纯双动，2002 年推出，后改名为 P990）、P99QA（半双动，2000 年推出）、P99C（AS、DAO、QA 的紧凑型，2004 年推出）、P99Q（警用型）、P99RAD（波兰授权生产的型号）、SW99（与美国史密斯韦森公司联合生产的美国出口型）。

其中，P99AS 全枪长 180 毫米，枪管长 102 毫米，空枪重 710 克，发射 9 毫米子弹，弹匣容量 16 发，战斗射速 10 发 / 分，子弹初速 408 米 / 秒；P99C 全枪长 136 毫米，枪管长 89 毫米，空枪重 530 克，发射 9 毫米子弹，弹匣容量 16 发，战斗射速 10 发 / 分，子弹初速 408 米 / 秒；SW99 全枪长 184 毫米，枪管长 106 毫米，空枪重 735 克，发射 10.16 毫米（4 英寸）子弹，弹匣容量 12 发，战斗射速 10 发 / 分，子弹初速 344 米 / 秒。

该枪采用枪管短后坐原理，标准型 P99 的击发机构为单 / 双动式，第一发为双动，扳机扣力 4 千克，后续的都为单动，扳机扣力 2 千克。

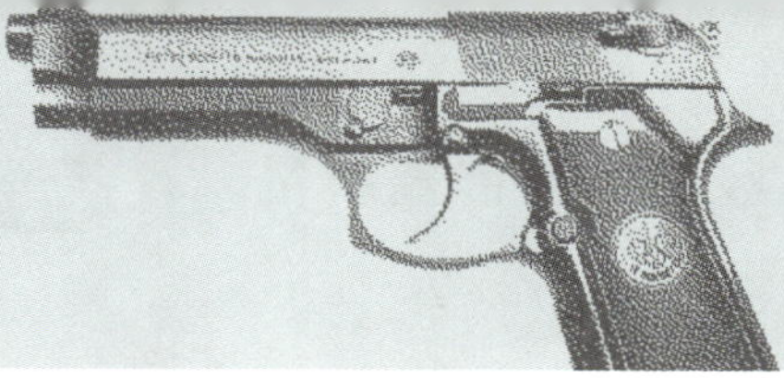

主要参数（P99AS）	
口　　径	9 毫米
全 枪 长	180 毫米
枪　　重	0.63 千克
枪 管 长	102 毫米
子弹初速	408 米 / 秒
战斗射速	10 发 / 分
弹匣容量	16 发
有效射程	60 米

德国瓦尔特 P99 手枪

该枪采用没有击锤的击针平移式击发系统，没有外露的手动保险，扳机本身就是保险柄，击针不在待击状态时只要扣下扳机就能射击。待击状态时，套筒后部会露出一个红色亮点提醒射手，手枪已处于待击状态；夜间射击时，射手可以通过触摸套筒尾部夜间提示器，感觉手枪是否处于待击状态。

该枪套筒截面呈梯形，外表涂有华尔特公司特有的“特尼氟”涂层，防腐性能优于镀铬涂层，而且耐磨、耐脏。枪管采用冷锻生产，内有6条右旋膛线，也涂有“特尼氟”涂层。此外，其他所有的金属部件均涂有一层“特尼氟”涂层。

P99有三种大小不同的握把背板，每支枪售出时均配有大、中、小三种尺寸的握把背板。背板采用中空设计，由具有弹性的聚氨酯制成，可吸收后坐力，射手可通过更换背板调整握把尺寸的大小，以适合自己的手形，更换背板时只需将靠近握把根部的插销向外拨出约3.2毫米即可实现。

该枪底把采用聚合物模压成型，与金属底把相比，具有重量轻、耐腐蚀、成本低等优点，底把前方的安装导轨可用来安装各种战术灯或激光指示器。P99手枪采用双排单进的大容量弹匣供弹，P99标准型容量16发、SW99为12发，弹匣由钢板制成，底座为塑料板，弹匣上有观察孔，可供射手观察子弹的剩余数量。

三、手枪背后的故事

（一）一把手枪挑起一场世界大战

第一次世界大战前，巴尔干半岛局势诡异多变，此时，奥斯曼帝国虽然江河日下，但仍然控制着波斯尼亚等巴尔干半岛的大片领土。通过两次巴尔干战争，塞尔维亚逐渐强大起来，被奥匈帝国吞并的波斯尼亚和黑塞哥维那两地的斯拉夫人，强烈要求摆脱奥匈帝国的统治，与塞尔维亚合并，建立统一的南斯拉夫国家。

然而周边一些大国出于各自的利益考虑，对南斯拉夫的统一运动施加各种干预，使得这一地区的形势变得越来越复杂，整个巴尔干半岛俨然成为了一个可以随时点燃的火药桶。

1914 年，奥匈帝国决定要在靠近塞尔维亚边境的萨拉热窝举行军事演习，时间定为 6 月 28 日，把塞尔维亚作为演习假想敌人，并准备派奥匈帝国皇储斐迪南大公及其夫人前往视察。而 1386 年的这一天，塞尔维亚曾惨败在土耳其人手上。塞尔维亚为了记住这段历史，把这一天定为塞尔维亚被土耳其征服的纪念日。

本来在 6 月 28 日这一天，萨拉热窝要组织集会纪念这个令他们蒙羞的日子，相反，奥匈统治者却将这一天作为大公的访问和阅兵日，引起了许多塞尔维亚人的强烈不满。为此，一个刺杀计划正在悄悄地进行之中。6 月 28 日清晨，“青年波斯尼亚”组织便在斐迪南所要经过的大街上布置好了 7 名刺客。

1914 年 6 月 28 日上午 10 时左右，检阅军事演习结束后，斐迪南夫妇在波斯尼亚军政府长官波蒂奥雷克将军的陪同下，坐着敞篷汽车，开始了对萨拉热窝的正式访问。一长串车队慢慢驶过人群拥挤的街道，向萨拉热窝市政厅出发，因为要在那里召开一个隆重的欢迎他们夫妇的仪式。

当车队经过市中心米利亚茨卡河上的楚穆尔亚桥，驶进阿佩尔码头时，由于一个警察走了过来，埋伏在这里的第一个暗杀者没能动手。发现第一个暗杀手无法动手，此时，相距不远的另一个暗杀者诺维奇突然从人群中冲出来，向斐迪南

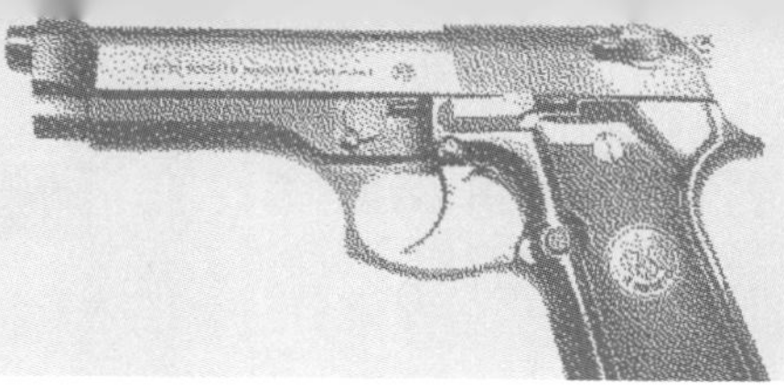

夫妇乘坐的车投出了一枚炸弹。但不巧的是，这枚炸弹被车篷弹了一下，落到了地上，结果在第三辆车前发生了爆炸，弹片击伤了波蒂奥克雷将军的副手以及斐迪南妻子索菲亚的女侍者，斐迪南夫妇安然无恙。

爆炸事件发生后，诺维奇当场被制伏、逮捕。袭击事件平息后，车队继续向市政府进发，并按计划为斐迪南夫妇举行了盛大的欢迎仪式。

欢迎仪式结束后，斐迪南坚持要去市立医院看望伤员。然而事情往往阴差阳错，随从人员忘了将绕开市中心的计划通知给前面领头带队的车辆，因此车队继续按原定路线前进。当车队行进一段距离后，与斐迪南同车的总督发觉行驶路线不对，马上命令司机掉头，然而，为时已晚。

另一名刺杀者普林西普，此时正坐在市中心一个街角的咖啡馆，还在为同伴刺杀的失败及自己的不利位置而懊恼时，突然发现斐迪南的车队驶了过来，普林西普简直欣喜若狂，毫不犹豫地大步冲了过去，从外套口袋迅速掏出了 M1900 勃朗宁手枪。

就当普林西普拔出手枪，准备举枪射击的时候，离他不远处的一名警察发现了他，并冲了上来，准备抓住他的手臂。事情真是无巧不成书，就在这关键的一刹那，刚好赶到这里的一名“青年波斯尼亚”成员米哈伊洛挥手朝警察颈部猛击一拳，警察冷不防打了一个趔趄。

这时，普林西普的枪声响了，子弹从三步之外朝斐迪南乘坐的那辆敞篷车飞了过来。一弹射中斐迪南的颈部，打断了他的颈静脉；一弹打穿了斐迪南妻子的腹部，切断一根动脉。

枪击事件发生后，现场一片混乱，米哈伊洛趁机飞快地逃离了现场。普林西普完成刺杀任务后，立即掉转枪口准备自杀，然而枪却被一个旁观者夺了下来。听到枪响以后，警察们立刻围了过来，当场将普林西普抓住，押往警察局。

斐迪南夫妇被迅速送往医院救治，然而几小时后，斐迪南夫妇终因内出血而死。这就是轰动历史的萨拉热窝事件。

加夫里洛·普林西普，生于1894年7月25日，刺杀斐迪南时只有17岁，由于当时他还不到20岁，因此，不能判处死刑。1914年10月，普林西普被判20年有期徒刑。后于1918年4月28日因肺结核死于监狱中。

普林西普一枪打过去之后的1个月，即1914年7月28日，奥匈帝国正式向塞尔维亚宣战；7月30日，俄国出兵援助塞尔维亚；8月1日，德国向俄国宣战，3日向法国宣战；8月4日，德国入侵保持中立的比利时，比利时对德国宣战；同日，英国向德国宣战；8月6日，奥匈帝国向俄国宣战，塞尔维亚对德国宣战，意大利宣布中立；8月12日，英国向奥匈帝国宣战。至此，第一次世界大战全面爆发。

（二）手枪当作机枪用

驳壳枪、盒子炮在中国人的心中占有不可替代的地位。从北伐、长征到抗日战争、解放战争，驳壳枪几乎见证了现代中国革命的全部历程。在相当长的一段时期内，我军缴获的驳壳枪要逐级上交，用来保障首长或者警卫人员。

驳壳枪是中国革命战争题材影片里最常见的道具。驳壳枪的枪套通常是个木头盒子，这个盒子除了装枪还有其他的用处。它可以安在枪把上成为一个枪托，以提高射击精度。

当时，其他手枪价格才几美元，而驳壳枪要25美元，价格显然过于昂贵，因此，驳壳枪很少作为军队的正式装备在战场上使用。英国人称它为“扫帚把”、德国人叫它“牛蹄子”，似乎都登不了大雅之堂。不过，世界上只有一个国家对驳壳枪有强烈的好感，这就是中国。

中国人对驳壳枪的态度可以用美国人对柯尔特左轮手枪表达的爱慕之情作比拟。电影《飞虎队》里，游击队长刘洪和他手下的飞虎队员们基本上每人一把“盒

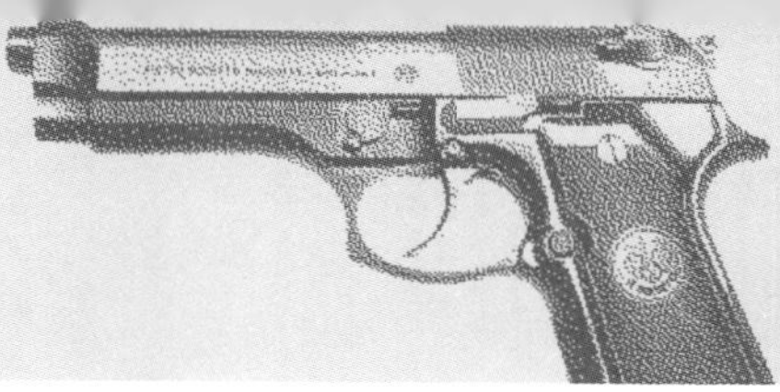

子炮”，甚至还有一些队员手持两把“盒子炮”左右开攻。

旧中国是一个贫穷落后的国家。20世纪20年代，各国列强明令要求不得向中国出口重武器，但手枪不在其列。因此，这种能打“20”响的驳壳枪就成了中国人的“宠儿”。由此不难理解，为什么全世界一共生产的100万支驳壳枪，其中有1/3卖到了中国。

由于驳壳枪带有木盒托，在一些情况下可以当作步枪使用，而且还可以打连发，因此深受中国人喜爱。驳壳枪射程可达150米，射速每分钟40~120发，弹匣可装弹10~20发，正好弥补了老式步枪和机枪火力之间的空缺。

曾担任过解放军总政治部主任的余秋里将军回忆说：“我听到那么多轻机枪的扫射声，大吃一惊。后来我意识到，这种被我当成轻机枪的武器其实是驳壳枪——一种二十响连发手枪。”“我们从来没见过那种东西，真是艺术品，尖端技术。我们缴获了八支这种枪。”

战斗中，用驳壳枪射击时，枪口跳动得很厉害，常出现第二发以后的子弹不容易命中目标，弹壳容易伤到自己脸上，但后来人们发现，可以将它旋转45度或者90度，虽然枪口仍然跳动，但它不再是上下跳动，而是水平跳动，就像冲锋枪一样实施扫射，这就出现了我们在电影或电视剧中经常看到有一些人横着拿着“盒子炮”了。

第二章　步枪

一、步枪概述

步枪是单兵的基本武器，英文名称为 Rifle，意思是单兵使用的长管线膛武器。我国过去一直称步枪为“来复枪”，就是英文名称的音译。步枪具有命中精度高、火力强、结构简单、性能可靠等特点，使用非常广泛。

（一）步枪的历史

南宋初期（公元 1132 年）我国军事家陈规发明了一种火枪，用粗竹管制成，里面装有火药，两军对阵时点火，用喷出的火来烧伤敌人。

公元 1259 年寿春府（现安徽寿县）制造了一种突火枪，也是用粗竹管制作的，里面装有火药和石子一类的东西，用来杀伤对方，使用距离达 200 米。

14 世纪初，元代制成了金属火枪。现北京历史博物馆内珍藏有一支铜火铳，上刻有“至顺三年二月吉日”（公元 1332 年）八个字，这是我国现存最古老的火枪，也是世界上现存的最古老的火器，比欧洲现存的古老火器还要早 50 多年。当然，这种火铳也是今天的手枪和火炮的鼻祖。

16 世纪，意大利出现了有膛线的枪械，是突火枪和火铳等无膛线枪械的改良品种，经过火绳枪、燧发枪的演变，到 19 世纪，伴随着弹丸与点火击发装置的进步，来复线被使用在枪管内，从而使得原有火枪射出的弹丸飞行速度更稳定、射击精度也更高。在日本，火绳枪被称为“铁炮”，在一些电影、电视剧中听到的“铁炮的给”意思就是开枪。

18 世纪，枪械采用后装药，出现了后装枪。19 世纪，定装弹药出现后，有膛线的枪械成为了主流，并逐渐发展成为现代步枪；而无膛线枪械后

来发展为霰弹枪。

（二）步枪的种类

1. 步枪按自动化程度可分为手动步枪和自动步枪，其中自动步枪又可分为半自动步枪和全自动步枪。

（1）手动步枪。手动步枪，是指需要以手动方式将子弹送入枪膛，射击以后，再将弹壳退出枪膛的步枪。由于每一次子弹上膛都是以手动的方式进行，这类步枪只能使用单发射击。在二战之前，大多数军队装备的都是手动步枪。这类步枪的缺点是射速慢，难以形成密集火力。但同时也有性能可靠、射程远、威力大等特点。如汉阳造、日本的三八大盖。

（2）半自动步枪。二战期间，各国为了提高步兵的持续火力，设计出各种可实现子弹自动装填的步枪。该类步枪利用导气原理，通过火药气体的能量完成子弹的自动装填，一次发射一发子弹，称为半自动步枪。与手动步枪相比，半自动步枪持续火力更强，射速更高，操作也更为简单。

（3）全自动步枪。全自动步枪指步枪能够自动进弹、连续发射、具备全自动射击能力的步枪。这类步枪采用导气式自动原理，回旋式闭锁机构，闭膛待击，可单击发射、也可连发射击。换句话说，只要扣住扳机不放，就可连续射击，直到枪内子弹打完为止。自动步枪具有更强的火力，同时也具备一定的射击精度，是当今军队配备的主流枪械。如美国的M16步枪。

2. 步枪按其功能可分为突击步枪、卡宾枪和狙击步枪。

（1）突击步枪。突击步枪是现在主要的单兵武器，可以选择自动

瑞士 SIG SG 510 突击步枪

或半自动模式进行射击，广泛服役于各国军队，具有射速较高、射击时比较稳定、后坐力较小等特点。如 AK47 突击步枪。

（2）卡宾枪。卡宾枪，源于英文 Carbine 的音译，也称为马枪或骑枪，它的枪管比普通步枪略短，子弹初速略低，射程较近，也有人管它叫“短步枪”。在第二次世界大战中，卡宾枪的发展空前活跃，比较有名的如美国的 M1 卡宾枪，苏联的西蒙洛夫半自动卡宾枪。

（3）狙击步枪。狙击步枪是带有光学瞄准具，用于对单个目标进

英国精密国际 AS50 狙击步枪

行远距离精确射击的武器，属于半自动步枪的一种，一般有效狙杀距离可达 600 ~ 800 米。如 M21 式狙击步枪。

（三）步枪的结构

现代步枪主要由刺刀、枪管、瞄准具、活塞及调节塞、机匣、枪机、

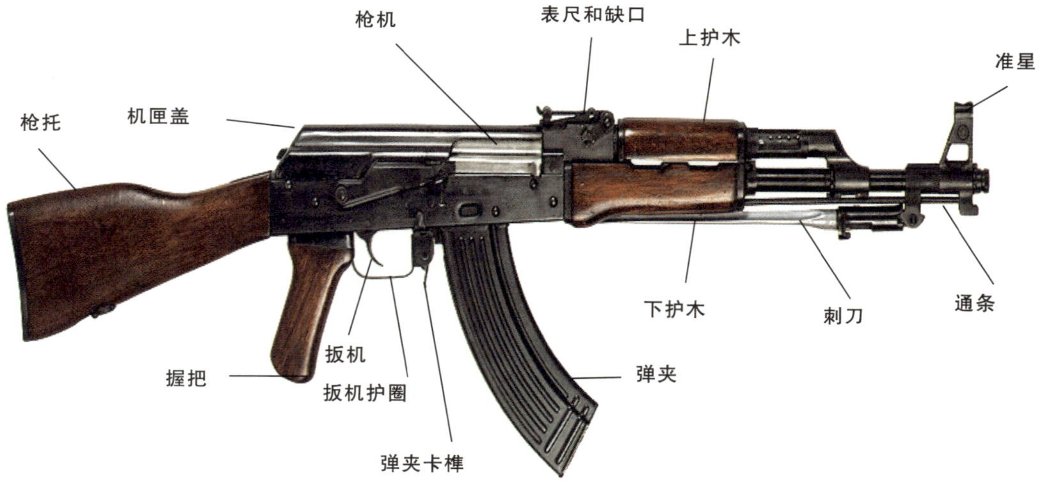

步枪基本结构示意图

美国 M4 卡宾枪

装有沙色消声器的美国 XM2010 增强型狙击步枪

复进机、击发机、保险、弹匣和枪托等部件组成。其中，瞄准具分为机械瞄准具和光学瞄准镜，机械瞄准具由表尺和缺口组成。

（四）步枪的特点

步枪作为步兵最主要的一种武器，其特点主要表现为以下几个方面：

一是弹仓式供弹。半自动步枪有固定的弹仓，可装弹 5~10 发；自动步枪可更换弹匣，每个弹匣可装弹 10~30 发。

二是自动供退弹。即第一发子弹靠人工上膛后，可连续发射，并自动退壳。

三是发射方式多样。通过扳动发射机构，可采用单发、连发和点射（2~3 发）的方式进行射击。

四是携带方便。步枪一般长 1 米左右，空枪一般重为 3~4 千克，便于单兵携带。

五是火力较猛。半自动步枪每分钟可发射子弹 35~40 发，自动步枪为 80~100 发，子弹初速为 700~1000 米 / 秒，可形成较为密集的火力。

六是使用寿命长。半自动步枪使用寿命一般不少于 6000 发，自动步枪为 10000~15000 发。

比利时 FN FNC 突击步枪

（五）步枪的未来

随着科学技术的不断发展，未来的步枪将朝着火力更强、重量更轻、精度更高的方向发展。另外，许多国家正在大力研制新概念步枪，无弹壳步枪、激光步枪等已经问世。

以色列设计的“会拐弯的步枪”

二、陆战经典步枪

（一）美国温彻斯特 M1866 连珠步枪

温彻斯特 M1866 连珠步枪是步枪史上的一个重要的里程碑。该枪发明前，步枪射击一次就要重新装填一发子弹，而连珠步枪不需要从外部一发一发地装弹，而是依靠弹仓内存储的弹药，用手重新推弹入膛，进行下一次射击，因此它的射速要比以往的单发步枪快得多。

连珠步枪最初由美国发明家瓦尔特·亨特于 1849 年发明，1860 年 10 月获得发明专利，由纽黑文武器公司生产，并以亨利步枪的名字投入市场。最初这种步枪为铁制枪身，从 1861 年起枪身材质改为黄铜，并采用了雕刻、镀银等工艺，枪的外观更加精美，所以它还有个绰号叫“黄孩子”（Yellow Boy）。

1866 年，纽黑文武器公司被奥利弗·温彻斯特公司收购，改称温彻斯特速射武器公司。这支改进型亨利步枪便成为了新公司的最初产品，命名为温彻斯特 M1866 杠杆枪机式步枪。该枪在弹匣受弹器右侧有一个缝隙和一个配套的弹簧盖，这种设计不仅安全简便，而且在子弹没有全部打完之前，还可以继续装填子弹。

该枪全枪长 980 毫米，空枪重 3.6 千克，弹容量 13 发，发射口径为 11.18 毫米的金属弹壳式边缘发火子弹，后来经过改进发射中心底火

美国温彻斯特 M1866 连珠步枪

主要参数	
口　　径	11.18 毫米
空 枪 重	3.6 千克
全 枪 长	980 毫米
弹 容 量	13 发

发火式子弹，平均射速每分钟 30 多发。继 M1866 式以后，温彻斯特公司又推出了著名的 M1873 式杠杆枪机连珠步枪，该枪和它配套的中心底火发火式枪弹被公认为是当时最好的武器和弹药之一，至 1919 年该枪总产量达 75 万支。在 M1873 式步枪生产的同时，火力较弱的 M1866 式步枪一直持续生产到 1898 年，总量达 17 万余支，其中土耳其就购买了 14 万支。

1877 年的普列佛纳战役中，该枪声名大噪。当时，土耳其军队已经装备了 M1866 连珠步枪，而俄军使用的依旧是伯丹单发步枪和科恩卡后装枪。交火前，土耳其军队提前将子弹装进温彻斯特连珠枪里面，放在脚下。当俄军进攻时，土耳其士兵首先使用老式的马蒂尼单发步枪进行射击。由于这种枪射速慢，根本挡不住俄军进攻，很快俄军就如潮水般的冲了过来。当俄军进攻到 180 多米距离时，土耳其人放下了马蒂尼步枪，停止了射击。俄军以为，土耳其人要撤退了，更加放开胆子拼命冲锋。当冲到 90 多米时，土耳其士兵则捡起脚下的连珠步枪，快速射击，俄军士兵一片一片地倒了下去。两个月后，俄军用同样的战术再次进攻，结果再次惨败。两次作战，俄军共有 3 万人死于温彻斯特 M1866 连珠步枪之下。

（二）美国 M1 伽兰德半自动步枪

M1 步枪源自设计师约翰·坎特厄斯·加兰德之手，由斯普林菲尔德兵工厂（也译为春田兵工厂）生产，因此该枪取名为加兰德，也称伽兰德。该枪于 1935 年 10 月定型，在最初的几年里，M1 步枪生产和列装的速度十分缓慢。但随着 1941 年美国正式宣布参加第二次世界大战，伽兰德步枪的生产数量急剧增加。为了适应第二次世界大战的需要，美国除了指定斯普林菲尔德兵工厂生产该枪以外，于 1940 年还增加了温彻斯特公司作为 M1 步枪的生产承包商。二战期间，两家公司共生产 400 多万支 M1 步枪。

1945 年 8 月，M1 步枪停止了生产。1950 年朝鲜战争爆发后，斯普林菲尔德兵工厂又恢复了生产；到朝鲜战争结束后，又生产了 16 万支。1957 年，M1 被 M14 所取代，该枪正式停产。

M1 伽兰德可靠性好，射击精度高，便于分解和擦拭，被公认为第二次世界大战中最好的步枪，在第二次世界大战的大多数战场上表现十分出色。M1 步枪有一个特点，就是当最后一发子弹打完后，弹夹会被自动弹出弹仓，发出“咔”的一声响，提醒士兵重新装子弹。但它也是一个毛病，相当于告诉了对方美国大兵没有子弹了。

美国 M1 伽兰德半自动步枪

主要参数	
口　　径	7.62 毫米
空 枪 重	4.31 千克
枪 管 长	609.6 毫米
全 枪 长	1100 毫米
战斗射速	40~50 发 / 分
弹 容 量	8 发
有效射程	457 米
子弹初速	853 米 / 秒

（三）英国司登冲锋枪

司登冲锋枪是英国在二战期间研制生产的冲锋枪。该枪由英国的两个枪械设计师谢波德（Shepperd）和杜赛宾（Turpin）研制，因此在命名时取两个人姓氏的第一个字母和工厂名称 Enfield（恩菲尔德）的前两个字母，即 Sten，中文音译为“司登”。

1940 年，英军撤离敦刻尔克时将大量的枪支丢在了海滩上，因此，急需补充一批造价低廉、结构简单、性能良好的冲锋枪。在这种情况下，司登冲锋枪应运而生。司登冲锋枪结构非常简单，它的枪管、套筒、机匣、枪托、枪机柄等等都是圆的，就像是由大小不等的管子所组成，甚至有人嘲笑它是“管子工的杰作”。

虽然该枪外形其貌不扬，但制造起来省工省料，成本非常低，一支枪费用仅为 9 美元，而且其战斗性能甚至优于造价昂贵的美国汤普森冲锋枪。司登冲锋枪共有 MkI、MkII、MkII（S）、MkIII、MkIV、MkV 6 个型号，其中， MkII 生产数量最多。从 1941 年中到 1945 年末，英国、加拿大和澳大利亚等国共生产各式“司登”冲锋枪 400 多万支，是英联邦军队二战后期的主要单兵武器。中国远征军入缅作战时，国民党军队从英国驻缅甸部队手中首次获得了该枪。二战结束后，英国将大量多余的司登冲锋枪送给或折价卖给蒋介石政府用于内战。

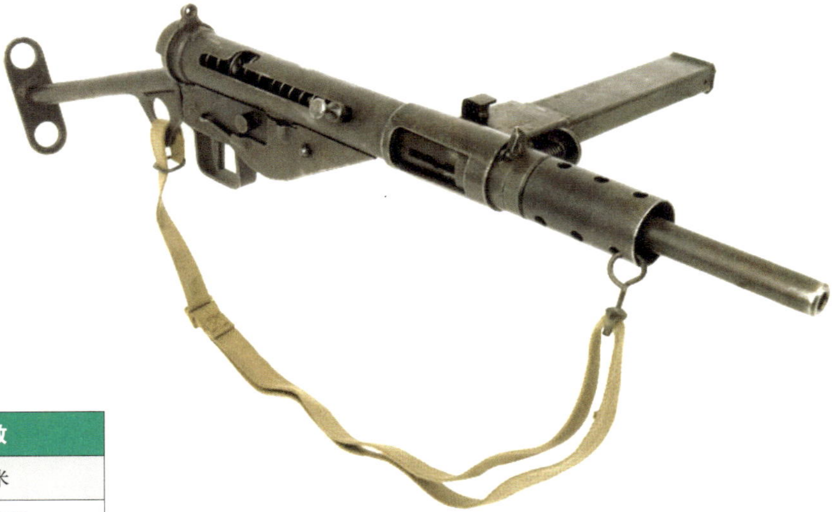

主要参数	
口　　径	9 毫米
枪 全 重	3.2 千克
全 枪 长	760 毫米
枪 管 长	196 毫米
弹 容 量	32 发
子弹初速	365 米 / 秒
有效射程	100 米
射　　速	550 发 / 分

英国司登冲锋枪

（四）德国毛瑟 Kar98k 步枪

毛瑟 Kar98k 步枪由毛瑟 98 式步枪演变而来，由德国武器设计天才彼得·保罗·毛瑟设计，毛瑟兵工厂生产。第一次世界大战结束后，由于受《凡赛尔条约》的严格限制，德国便秘密研制毛瑟 98 式步枪。但是，由于毛瑟 98 式步枪太长，携带不方便，德国决定对其改进，将其长度缩短。

1935 年，经过改进的毛瑟步枪（毛瑟 Kar98k）开始装备德军。K 指的是“Kurz”，在德文中表示“短”的意思，也就是它的长度要比毛瑟 98 式步枪短，全枪长度由原来的 1.25 米缩短为 1.11 米。毛瑟 Kar98k 步枪采用弹夹供弹方式，每个弹夹装有 5 发子弹，子弹既可以整排压入弹仓，也可以一发一发地装填。该枪发射 7.92 × 57 毫米步枪子弹，射速约 15 发 / 分，子弹初速 860 米 / 秒。

Kar98k 的用途十分广泛。如加装瞄准镜后，可以当作狙击步枪使用。当使用 4 倍瞄准镜时，该枪可射杀 400 米处的目标；如使用 6 倍瞄准镜，射杀距离可达 1000 米。二战期间，德军共装备了近 13 万支毛瑟 Kar 98k 狙击步枪。另外，该枪在枪口加装榴弹发射装置后，还可以发射高爆榴弹和穿甲榴弹。从 1935 年开始直至第二次世界大战结束前，Kar 98k 一直都是德军的制式步枪，德军先后共装备了 1400 多万支。20 世纪 30 年代，中国采购了一批该型步枪，并对其进行仿造，称为“中正式步枪”。

德国毛瑟 Kar98k 步枪

主要参数	
口　　径	7.92 毫米
空 枪 重	3.7 千克
全 枪 长	1110 毫米
枪 管 长	610 毫米
弹 容 量	5 发
子弹初速	860 米 / 秒
有效射程	500 米

（五）日本三八大盖步枪

三八大盖原名为三八式步枪，由日本南部骐次郎设计，日本东京小石川炮兵工厂生产。1905年，该枪定型生产，时值日本明治天皇38岁（明治三十八年），因此将其正式名为三十八年式步枪。因为该枪上装有一个拱形防尘盖，上面刻有“三八式”字样，所以在中国将其称为“三八大盖”。

三八大盖在日本三十年式步枪的基础上研制，采用了德国毛瑟步枪的旋转后拉式枪机和枪机回转式闭锁机构，枪长1276毫米，比苏联的莫辛·纳甘步枪还长44毫米，是二战时主要参战国中最长的步枪。该枪配有30式单刃刺刀，刀长500毫米，既可装在枪上用于拼刺，也可卸下来手握劈杀。配上刺刀后，该枪长度超过1.663米，因此，在白刃格斗中具有明显的优势。

三八大盖采用弹夹供弹方式，发射6.5×50毫米口径子弹，弹夹装有5发子弹，弹头初速765米/秒。该枪表尺射程2400米，有效射程460米，受过严格训练的士兵可在300米左右的距离上对单个目标、700米距离内对集群目标进行射击，作战性能明显优于当时中国的汉阳造。

三八大盖虽然子弹初速高，但这也给它带来致命缺点，当它击中目

标后往往很容易贯通，一枪打两个眼。特别是当发生白刃格斗时，双方人员交错重叠，子弹贯通后容易伤到自己人，所以日军白刃格斗前，一般都将子弹退出。

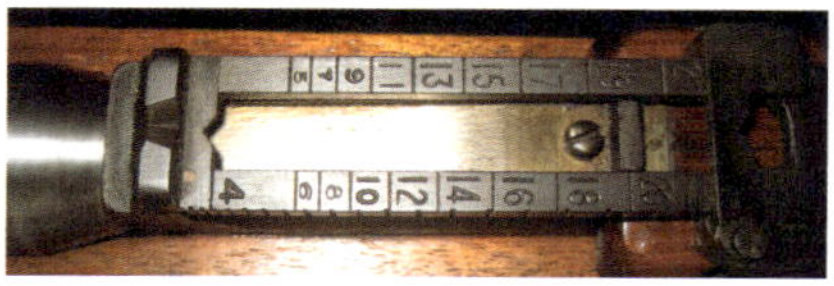

日本三八大盖步枪

主要参数	
口　　径	6.5 毫米
空 枪 重	3.73 千克（加上刺刀重 4.1 千克）
全 枪 长	1276 毫米
枪 管 长	797 毫米
弹 容 量	5 发
子弹初速	765 米 / 秒
有效射程	460 米

（六）苏联莫辛－纳甘 M1891/30 狙击步枪

莫辛－纳甘狙击步枪以 1931 年投产的 7.62 毫米 M1891/30 型莫辛－纳甘步枪为基础，将枪机拉柄加长并改为圆形，以便安装瞄准镜，主要有 PE、PEM、PU 三种型号。由于 M1891/30 型步枪吸收了俄罗斯上尉谢尔盖·伊凡诺维奇·莫辛（后晋升为上校）和比利时李昂·纳甘的设计元素，因此，该枪取名为“莫辛－纳甘”，主要由图拉、伊热夫斯克、谢斯特罗列茨克三家兵工厂生产。

PE 型莫辛－纳甘狙击步枪于 1931 年至 1939 年间生产，采用的是德国埃米尔·布赫公司研制的 4 倍 PE 瞄准镜，枪重 4.6 千克。瞄准镜具有调整高低、风偏和焦距的功能，焦距为 80 毫米，视场 5 度，分划为 1 ~ 14，每个分划为 100 米，对应的距离为 100 ~ 1400 米。镜架安装在枪膛中线的位置上，但由于这种中线型镜架不适用于圆形机匣，1938 年以后则改装在机匣左侧，以便装填子弹和使用机械瞄具。

PEM 型狙击步枪于 1937 年至 1942 年间生产。由于苏联生产水平较低，为了解决 PE 瞄准镜的密封问题，苏联取消了 PE 瞄准镜的调焦环，并将这种新的瞄准镜命名为 PEM 瞄准镜。最初，该瞄准镜镜架也安装在枪膛中线上，1938 年以后也改为侧式镜架。

第一批 PU 型狙击步枪于 1942 年年底由图拉和伊热夫斯克生产。该枪配有苏联自行研制的PU瞄准镜，枪重减为4.22千克。该瞄准镜放大倍率为3.5倍，长169毫米，重270克。风偏调整螺位于镜体左侧，刻度从+10到-10；高低调整螺位于镜体上方，刻度从100米到1300米；瞄准镜在出厂时已经归零，禁止普通士兵擅自从步枪上拆卸瞄准镜或擅自归零。

1942年，斯大林格勒保卫战中著名的苏联狙击手瓦西里·扎伊采夫上尉，使用PU型狙击步枪成功狙杀德军多达242次，电影《兵临城下》就是根据他的故事编写而成的。虽然该枪为苏联在第二次世界大战做出了重大贡献，但配备的瞄准镜倍数只有3.5倍，只适合狙杀600米内的目标，而且由于瞄准具重叠地安装在机匣盖的后方，挡住了弹夹插口，不能将带弹5发的弹夹一次装入，只能一次装一发子弹，战斗效率大大降低。

苏联莫辛－纳甘M1891/30狙击步枪

主要参数			
口　　径	7.62毫米	弹 容 量	5发
空 枪 重	4千克	子弹初速	865米/秒
全 枪 长	1232毫米	最大射程	1829米
枪 管 长	730毫米	有效射程	500米
射　　速	10发/分		

（七）苏联 AK47 突击步枪

AK47 突击步枪由苏联著名枪械设计师卡拉什尼科夫设计，由伊热夫斯克兵工厂生产，1949 年开始批量生产，1951 年大规模装备苏军。AK-47 俄语全称是 АвтоматКалашниковаобразца1947 года（英文为 automatic Kalashnikov 1947 Rifle），“A”是俄语中自动步枪的第一个字母，“K”意思是卡拉什尼科夫（AK 步枪之父），“47”指 1947 年定型的自动步枪。“AK”在俄语的发音可音译为“阿卡”。

AK47 突击步枪枪身短小、结构简单、火力猛、勤务性能好、故障率低、坚实耐用，配用固定式木制枪托或折叠式金属枪托，在风沙、泥水等恶劣环境下均能正常射击。该枪口径为 7.62 毫米，发射 7.62×39 毫米 M1943 型中间型威力枪弹，弧形弹匣容量 30 发，有效射程 300 米，枪口初速 715 米 / 秒，理论射速 600 发 / 分，非常适合近距离作战。

该枪采用导气式自动原理，导气管位于枪管上方，通过活塞推动枪机动作。保险 / 快慢机位于枪身右侧，与其他突击步枪不同的是，该枪由上至下依次为“保险、全自动、半自动”，而其他步枪却是“保险、半自动、全自动”。

AK47 步枪是世界上使用最广泛的步枪之一，曾是绝大多数第三世界国家军队的基本单兵装备，并授权给前南斯拉夫、匈牙利、中国（56 式冲锋枪）、波兰、罗马尼亚、保加利亚、埃及、古巴、朝鲜等国家进行特许生产和仿制，甚至许多西方国家也愿意使用这种步枪，至今我们仍能看到许多国家还在使用这种步枪。越南战场上，甚至连美国士兵都喊出了“扔掉 M16，捡起 AK47”的口号。该枪全球生产数量约为 2 亿支，享有“世界枪王”的美称。

苏联 AK47 突击步枪

主要参数			
口　径	7.62 毫米	理论射速	600 发 / 分
空枪重	4.3 千克	战斗射速	40 发 / 分（半自动） 100 发 / 分（全自动）
全枪长	880 毫米（木枪托） 875 毫米（折叠枪托打开） 645 毫米（折叠枪托折叠）	子弹初速	715 米 / 秒
枪管长	415 毫米	有效射程	400 米（半自动） 300 米（全自动）
弹容量	30 发		

（八）美国 M16 突击步枪

M16 突击步枪是美国 20 世纪 50 年代末期研制的一种小口径步枪，该枪由柯尔特设计，柯尔特公司生产，是美国第二次世界大战后换装的第二代步枪，也是世界上第一种正式列装部队并参加过实战的小口径步枪。

M16 系列突击步枪主要分为三代：第一代为 M16 和 M16A1，1960 年代服役，复进簧位于枪托内，发射美国 M193/M196 型 5.56 毫米子弹，采用半自动或全自动射击模式；第二代为 M16A2，1980 年代服役，发射比利时 SS109 子弹（北约 5.56 毫米口径标准弹药，美军制式 M855/M856 子弹），采用半自动或 3 发点射射击模式；第三代为 M16A4，从 2002 年下半年开始列装，用来取代 M16A2，仍然沿用 M16A2 的 3 发点射模式，发射比利时 SS109 子弹，并配有光学瞄准镜、夜视镜、激光瞄准器、强光照明灯等。

M16 系列步枪口径小、重量轻、射击精度高、持续作战能力强，理论射速 750 ~ 900 发 / 分，在步枪通常射程（400 米）内杀伤效果好。M16 在越南战场上崭露头角，该枪重 3.26 千克，要比 AK47 轻便得多，但弹夹容量较小，只有 20 发，到了越南战争后期，弹夹容量才为 30 发。另外由于受越南气候的影响，该枪弹膛易脏，经常出现卡壳、弹匣损坏等问题。

自美军60年代首先装备了5.56毫米M16小口径步枪后，在世界范围内掀起了一股强大的小口径步枪浪潮。除美国外，澳大利亚、意大利、约旦、日本、印度尼西亚、韩国、新西兰、黎巴嫩、斯里兰卡、智利、海地、中国台湾等55个国家和地区也装备有该系列步枪，目前世界上采用5.56毫米小口径步枪的国家不下100个。

M16A2突击步枪

主要参数	
口　　径	5.56毫米
空 枪 重	3.26千克
全 枪 长	1000毫米
枪 管 长	508毫米
弹 容 量	30发
理论射速	750~900发/分
战斗射速	45~60发/分
子弹初速	948米/秒
有效射程	600米（对点状目标） 800米（对集团目标）

由上至下依次为 M16A1、M16A2、M4、M16A4 步枪

（九）以色列乌兹冲锋枪

乌兹冲锋枪是以色列国防军的主要战斗装备，由以色列军人里约特纳特·乌兹·盖尔发明，并以乌兹（UZI）的名字命名。该枪于 1949 年开始研制，由以色列军事工业公司（IMI）生产。

1948 年，以色列军队正式组建时，装备的步枪种类繁杂，通用性能较差。为此，以色列决定研制一款步枪用来装备以色列国防军。1949 年，以色列陆军中尉乌兹·盖尔（Uziel Gal）在参照捷克斯洛伐克 Vz23 系列冲锋枪和 ZK476 式冲锋枪的基础上，根据中东地区沙漠环境条件，成功设计出了第一款 UZI 9 毫米冲锋枪，1951 年该枪正式开始批量生产。

乌兹冲锋枪的枪托区分为木托型和折叠型两种，早期产品采用的是木制枪托，折叠枪托则为标准型。该枪采用枪机自由后座自动方式，快慢机区分有全自动射击、半自动射击、手动保险三种模式，发射 9 毫米帕拉贝鲁姆子弹，弹匣容弹 20 发。该枪共有 UZI 9 毫米轻型冲锋枪、UZI 9 毫米微型冲锋枪、UZI 9 毫米半自动卡宾枪和 UZI 9 毫米手枪等多种系列。

1983 年，以色列军事工业公司对其进行了小型化设计，枪的尺寸有所减小，重量有所减轻，并改称为 UZI83。UZI83 采用单、连发射击模式，配有 20 发、25 发、32 发弹匣，全枪重 2.7 千克，有效射程 150 米，理

论射速 1500 发 / 分，该枪枪身短小、结构紧凑，枪托打开时全枪长 600 毫米、枪托折叠时仅为 360 毫米，比其他的冲锋枪明显要短得多。

1986 年，以色列又对该枪进行了再次小型化改造，尺寸略大于 UZI 9 毫米手枪，枪托打开时全枪长 460 毫米，枪托折叠时仅为 250 毫米，全枪重 1.95 千克，有效射程 120 米，理论射速 1250 发 / 分，采用 20 发、25 发弹匣，改装后还可发射 11.43 毫米子弹，弹匣容量 16 发。

该枪枪身短小、结构紧凑，枪身要比其他步枪短得多，非常便于携带；射速高、火力猛，在 1 秒的时间内可发射子弹 20 发，具有明显的火力优势；动作可靠、稳定性好，该枪无论是单手射击还是双手射击，无论是举在肩膀前射击还是腰部射击，都具有良好的稳定性。乌兹冲锋枪因 1976 年反劫机事件一举成名，除以色列外，德国和比利时等国军队也装备此枪。

以色列乌兹冲锋枪

主要参数	
口　　径	9 毫米（改装后可发射 11.43 毫米子弹）
空 枪 重	2.7 千克（1983 年改进后）
全 枪 长	600 毫米（1983 年改进后）、460 毫米（1986 年后）
弹 容 量	20/25/32 发
有效射程	150 米（1983 年改进后）、120 米（1986 年后）

（十）美国 M27 自动步枪

HK M27 自动步枪，简称 M27、IAR 或 M27IAR，该枪由德国黑克勒－科赫枪械制造公司研制，作为轻量化武器主要装备美国海军陆战队，用以取代 M249SAW 班用机枪，而将 M249 SAW 作为储备武器，当需要更多火力时再次使用。

2006 年，美国海军陆战队分别向 FN、黑克勒－科赫和柯尔特公司提出研制轻量化步枪的需求。2009 年 12 月，黑克勒－科赫推出的 IAR 型步枪在竞标中胜出，通过 5 个月的成功测试后被美国海军陆战队正式命名为“M27IAR”。从 2011 年开始，该枪在美国海军陆战队试装备。2013 年 7 月 31 日，在澳大利亚罗克汉普顿附近举行的美澳例行军事演习中全面公开亮相。

该枪在 HK416 的基础上改进而成，而 HK416 以 M4 卡宾枪（M16 步枪的短枪身型）为蓝本，将原来的直接导气装置改为短行程活塞传动型气动系统。活塞传动系统由活塞杆、活塞和导气箍组成，导气箍下方的一排气孔直径比 HK416 略大，使得该枪的可靠性比 M16、M4、HK416 进一步提高，也可使射击时火药燃烧后剩下的污物和积碳不会残留在枪机框和上机匣内，以减少枪支的擦试保养频率。

M27 的枪机机框与 M16A4 步枪极为相似，可装入 M16A4 并且实现上膛闭锁，但 M16A4 的枪机机框却无法装入 M27 内及使用。该枪采用 6 段可调式第二代伸缩式枪托，与 M4 卡宾枪的 4 段伸缩式枪托相似，伸缩操作更为顺畅。枪托底板设有降低后座力的合成橡胶缓冲垫，有凹面或凸面两种可供选择，而且可按需要旋转，枪托完全展开时全枪长 937.26 毫米，枪托完全收缩时 838.2 毫米，枪托尾部左右两侧分别设有一个背带环，射手可根据个人习惯选择左右肩枪或挎枪。

该枪的握把表面经过磨砂处理，并有一个手指凹槽，握持起来非常舒适。除使用原厂设计的握把以外，还可以换装各型 M16 步枪的握把。该枪共有半自动和全自动两种射击模式，配有标准的可拆卸式弹匣（装弹 20、30 发）、100 发可拆卸式弹鼓和 150 发可拆卸式弹鼓。

MK27 采用觇孔式照门及柱状准星机械式瞄准具，也可将机械瞄具拆卸后换装日间 / 夜间光学瞄准镜、反射式瞄准镜、全息瞄准镜、夜视镜或热成像仪。前护木两侧及底部可以安装战术灯、激光瞄准器、垂直前握把、两脚架和 40 毫米榴弹发射器。

该枪全重 4.08 千克，比空重 7.5 千克、全重 10.02 千克的 M249SAW 机枪轻很多，具有全自动射击功能，对点状目标的有效射程 550 米，对面状目标 800 米，最大射程 3601 米，理论射速 700 ~ 850 发 / 分，战斗射速 36 发 / 分，并融入了标准型 M16 制式步枪的风格，射击声音较小，战斗中敌人无法识别谁是机枪手，更能有效地保护射手。

美国 M27 自动步枪

主要参数	
口　　径	5.8 毫米
空 枪 重	3.6 千克
全 枪 长	937.26 毫米（枪托完全展开） 838.2 毫米（枪托完全收缩）
枪 管 长	420 毫米
弹 容 量	30 发
战斗射速	36 发 / 分
最大射程	3601 米
有效射程	550 米（点状目标） 800 米（集团目标）

三、步枪背后的故事

（一）功勋狙击手

看过电影《兵临城下》的人都知道，电影中有一个男主角枪法如神，而他的原型就是苏联著名的狙击手瓦西里·扎伊采夫。

瓦希里·扎伊采夫上尉是第二次世界大战苏联一位有名的陆军狙击手。1942年11月10日至12月17日，他在斯大林格勒战役中共击毙了225名敌人。而由他培训的狙击手共毙敌约1万名。战后他被提升为陆军少将。

论战绩，扎伊采夫歼敌数量并不算最多，因为苏军在二战中歼敌数量超过300名的狙击手就有20多人。扎伊采夫之所以成为功勋狙击手，不仅是因为他培养了很多狙击手，最关键的是击毙了德军最著名的狙击手之王—科宁斯。

斯大林格勒战役中，德军吃尽了苏军狙击手特别是扎伊采夫的苦头。为此，德军派柏林狙击兵学校校长科宁斯上校专门对付扎伊采夫。科宁斯不愧是德军王牌狙击手，他到达前线后率先行动，先后打死了2名苏军狙击手，而且都是一枪毙命。

接下来的一段日子里，战场上格外寂静，双方都在为最后一搏做着大量的准备。扎伊采夫和他的伙伴库利科夫认真仔细地研究着各种地形，试图从上千个德国狙击手可能藏身的地点发现科宁斯的蛛丝马迹。

紧张的对峙已经持续了两天。

第三天早晨，斯大林格勒炮声不断，战场上热闹起来，狙击手们趴在掩体里，目不转睛地从光学瞄准镜里观察着战场上发生的变化。

政治指导员达尼洛夫也不甘寂寞，一大早就钻进狙击手的掩蔽部观战。太阳升起后，达尼洛夫好像忽然看见了什么，他兴奋地跪起身来喊："他在那儿！"他的话音未落，一颗子弹击中他的肩膀。

狡猾的科宁斯并没有直接打达尼洛夫的头部，他是希望扎伊采夫跳起来救助受伤的战友，从而暴露自己。

达尼洛夫尖叫着倒在地上，而扎伊采夫却纹丝未动，仍然看着前方，他在判断科宁斯是在哪开的枪。

老道的科宁斯也没有再开枪，任凭苏军卫生兵把达尼洛夫放上担架抬走。

突然，一块斜支在墙角的钢板引起了扎伊采夫的注意。那肯定就是科宁斯的藏身之所。

扎伊采夫判断，既然自己的位置被指导员暴露了，科宁斯肯定认为自己会变换阵地，只要这边一有动静，他马上就会开枪。想到这，扎伊采夫把一只手套套在一块木板上举过头顶，果然那边枪响了。

扎伊采夫察看了一下被击穿的手套，子弹不偏不斜，直接命中，这说明子弹来自正前方，德军的王牌狙击手就藏在钢板之下。

第二天早晨，光线直接照了过来，由于担心瞄准镜的反光可能暴露自己，扎伊采夫决定等过了上午再行动。

到了下午，光线照到了科宁斯的那一边。采取行动的时机到了。

扎伊采夫聚精会神地瞄向前方，同伴库利科夫小心翼翼地把头盔稍稍向上举了起来。科宁斯以为机会来了，一枪打了过去，库利科夫顺势将身子一挺，大叫一声倒下去……

此时，自以为胜券在握的科宁斯犯下了致命的错误，他的半个脑袋从钢板下探了出来。等待已久的时机终于到了，扎伊采夫果断地扣动了扳机。这是他四天来射出的唯一一颗子弹。子弹击中科宁斯的前额，穿过后脑勺和头盔飞出。

（二）反劫机英雄

历史上，有一把枪因反劫机而一举成名，这就是大名鼎鼎的乌兹冲锋枪。

故事要回到1976年6月27日那一天。早上，法航139次航班按计划从以色列特拉维夫本—古里安机场起飞，中途经停雅典，最后到达目的地巴黎。

3个小时后，飞机顺利在雅典着陆，陆续又上来了一些旅客。经过短暂停留，飞机再次升空朝巴黎飞去。

20分钟后，飞机爬升到了万米高空，开始转入平飞，望着美丽的爱琴海，机长巴科夫松了一口气。空中小姐也开始热情地为乘客们发送饮料和午餐。机舱内似乎显得一切正常、井然有序。

突然，“砰”的一声，驾驶舱门被踢开了，巴科夫扭头一看，顿时脸色煞白，一位金发碧眼的美女拿着一把柯尔特手枪从后面顶住了他。这名女子喊到：“降低高度，转飞利比亚班加西机场！”与此同时，机舱内，另外3名男子手里分别握着手枪和手榴弹，控制了整个飞机。

这4个人隶属激进的“解放巴勒斯坦人民阵线”，他们刚从雅典登机。由于时间关系，安检人员放松了对最后登机的这3男1女的检查，结果让他们携带武器顺利地混上了飞机。

被劫持的飞机在利比亚的班加西机场加油后，最后降落到乌干达恩培德机场。机上共有245名乘客，其中83名以色列籍犹太人。

6月30日，劫机者通过乌干达政府向以色列政府发出了最后通牒，声称：如果以色列政府在7月1日下午2时前不做出满意的答复，他们将每小时处死1名犹太人质，直到以色列政府答应条件。

得知飞机遭到劫持之后，以色列政府一方面采取拖延策略，请求将时间延至7

月 4 日；另一方面挑选精兵强将，准备实施武力解救。

7 月 3 日乌干达时间 23 时 45 分，280 名突击队员分乘 4 架 C–130 运输机到达了乌干达恩培德机场的上空。

只见飞机后舱门一打开，满载突击队员的吉普车和装甲车向候机大楼扑了过来。

23 时 50 分，吉普车出现在候机大楼门前，担负外围守卫任务的十几名乌干达士兵还没有完全反应过来，就全部死于乌兹冲锋枪之下。

面对突如其来的以色列突击队员，候机大厅内的人都惊呆了。

此时，大厅里传来一声希伯来语“卧倒”，所有以色列人立刻明白了是怎么一回事，迅速趴在了地上。可是，听不懂希伯来语的劫机分子和十余名乌干达守军仍然站在那里，顿时暴露在以色列突击队员的枪口面前！

说时迟那时快，36 支乌兹冲锋枪一起开火，劫机者和乌干达守军马上倒了下去。

45 秒钟后，战斗宣告结束。劫机分子和乌干达守军全部毙命，而突击队无一伤亡。事后，根据乌干达的统计，在这些被打死的人身上总共有近 1000 个弹孔，平均每人中弹数十发。

第三章　机枪

一、机枪的概述

机枪是一种连发武器，英文名称是 Machine gun。机枪从它诞生之日起，在陆战中扮演着重要的角色。机枪与手枪、步枪等自动武器相比，其最显著的特征就是它要架在两脚架或三脚架上射击。机枪的口径一般不超过 15 毫米，口径 20 毫米以上称为机炮。作为曾是陆战场上的主宰者，机枪具有射速快、射击距离远、火力猛、带弹量大等特点，是步兵作战必不可少的支援性武器。

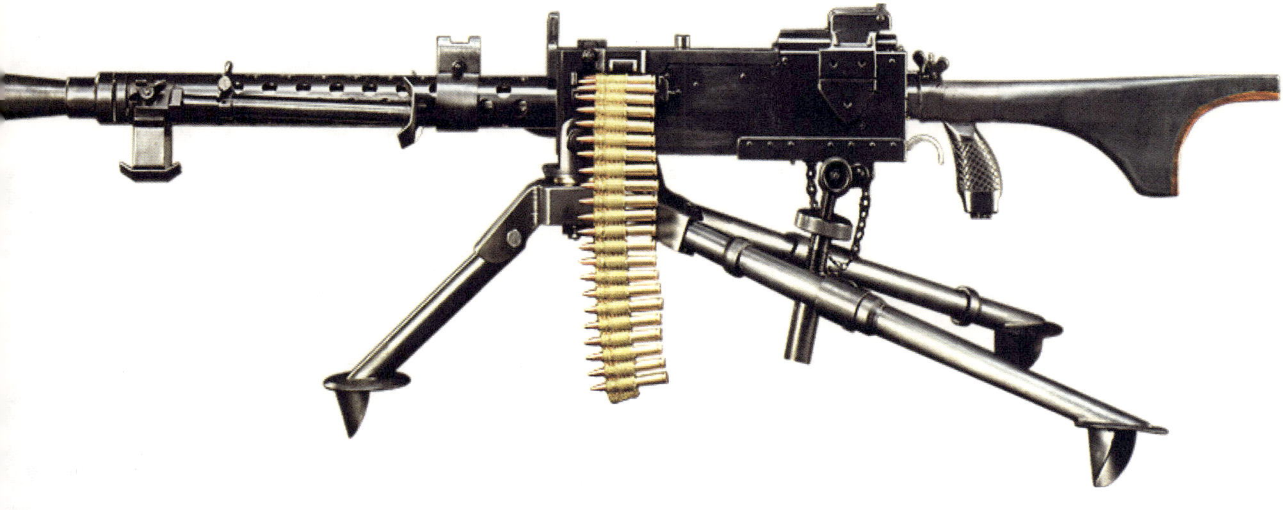

（一）机枪的历史

枪支投入战场以后，人们就一直在思考怎么样提高它的杀伤力。由于早期的枪支采取前装药的方式，而且子弹只能一发一发地装填，因此，战场上谁的装弹速度快，谁就能先发制人，而装的慢的那个就可能成为“倒霉蛋”，死在对方的枪下。可以说，在机枪没有发明之前，战争的胜利是由装填子弹的速度决定的。

在这种情况下，人们想出一个非常简单的方法，那就是将多个枪支的枪管和弹膛等基本部件连接在一起，就像竹排一样，组合成一支枪。由于它的形状很像风琴，人们叫它风琴枪，也有的叫多管枪、齐射枪。这种枪虽然一次可以发射多发子弹，但是体积庞大，机动不便，而且子弹也只能一发一发地从前面装填，第一次射击以后其威力就大打折扣，此外，由于造价昂贵、后坐力太大，最终被放弃了。

其实枪和弹的发展是相辅相成的，随着雷汞技术、边缘发火技术的出现和日益成熟，子弹和火药不再需要从枪口前面装填进枪膛，然后点火发射；而是通过撞针撞击子弹后面的火帽，就能够将子弹发射出去，于是在 19 世纪中期出现了后膛枪。

后膛枪的问世，为连发枪奠定了坚实的基础，一些设计者们想出了

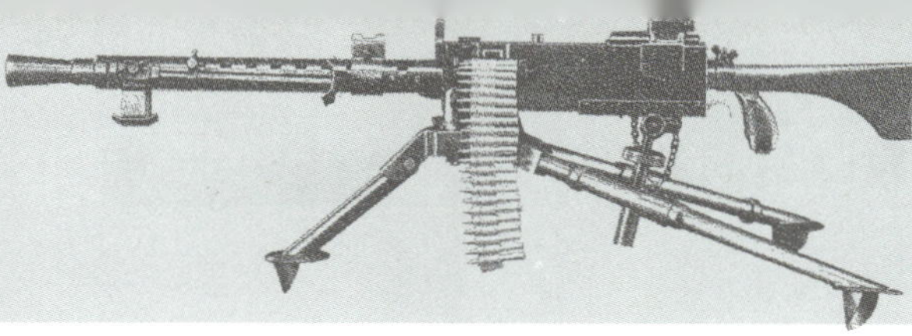

一些新的方法，将子弹从弹匣或弹盘一颗接一颗地装入后膛，通过转动曲柄完成连续装弹。此后不久，真正意义上的机枪便问世了。

由于子弹在枪膛内连续发射，要产生巨大的热能，引起枪管发热，于是人们想出一个非常简单的方法，就是在枪管的外围安装一个圆筒，筒里面再放上一些水用来给枪管降温，所以早期机枪枪管的外面都有一个圆筒，这就是水冷式机枪，比较有代表的如加特林机枪、马克沁机枪、勃朗宁 M1917 机枪等。

德国 HK21A1 通用机枪

虽然水冷式机枪解决了子弹连续发射的问题，但是枪支过重、机动不便，而且在无水地区或者是高寒地区“水套”不能正常工作。随着气冷技术和散热材料的发展，开始普遍采用气冷方式为枪管降温，机枪的重量开始不断减小。现在我们所看到的实战化机枪均采用的是气冷方式。

美国 M2 机枪

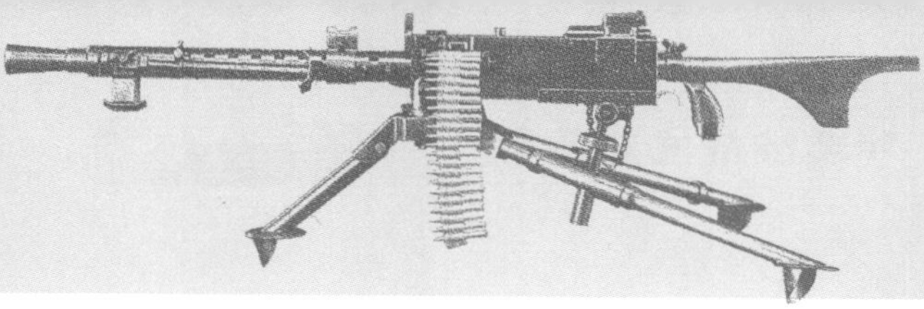

（二）机枪的分类

机枪有多种分类方法，如可分为小口径机枪、大口径机枪、野战机枪（含高射机枪）、车载机枪、航空机枪等。陆战机枪主要包括重机枪、轻机枪、通用机枪及高射机枪。

1. 重机枪。重机枪顾名思义为枪身较重的机枪，其口径一般在 12 毫米以上，装有稳固的枪架，射击精度较好，能长时间连续射击，在英、美等国称之为“中型机枪”。

现代重机枪口径一般达到 12.7 毫米，部分型号为 14.5 毫米，又称大口径机枪，可以分解搬运。一般装备到营一级，主要用于歼灭和压制 1000 米以内的火力点、轻装甲目标和车辆。改装高射专用脚架后，可以作为防空机枪，射击低空飞行的空中目标。为了提高连续射击能力，有些重机枪甚至改装为 2 联装、4 联装。比较有代表性的有马克沁重机枪、国产 12.7 毫米重机枪等。

2. 轻机枪。轻机枪是一种比重机枪和班用机枪重量相对较轻的机枪，使用步枪子弹，一般在枪管上配有两腿脚架，射击稳定性较好，必要时，还可以将枪端起射击，通常由正副射手两人操作，主要装备到步兵分队或步兵班，又称为班用机枪，一个步兵班中一般配备一至两挺，能够有

苏制 14.5 毫米双联装高射机枪

效杀伤800米以内的集团目标和单个目标。比较有代表性的有捷克的ZB26、苏联的捷格加廖夫DP轻机枪等。

3. 通用机枪。通用机枪是一种兼具轻机枪和重机枪特点的机枪，简单的讲，给该枪配上两腿脚架就是一挺轻机枪，配上三腿脚架就可以当作一挺重机枪使用，因此，又称为轻重两用机枪。通用机枪不仅具有重机枪的射程远、威力大、连续射击时间长等优点，还具有轻机枪的重量轻、携带方便、机动灵活的特点，从20世纪50年代起发展迅猛，大有后来居上的势头。比较有代表性的有二战德军的MG42、美军的M60等。

4. 高射机枪。高射机枪是主要用于打击低空目标的大口径机枪，由枪身、枪架、瞄准装置组成，具有体积小、重量轻、机动灵活、战斗转换快、射速高、火力猛等特点，也可以用于摧毁、压制地（水）面的火力点、轻型装甲目标、舰船等，是机枪家族中十分重要的一种武器。比较有代表性的有苏联的DShK12.7毫米高射机枪、国产75式14.5毫米高射机枪等。

（三）机枪的结构

机枪与步枪在结构上有许多相似之处，由枪身、枪架或枪座组成。相比步枪而言，机枪配有脚架；采用的是连发机构；多数采用导气方式，也有部分采用枪管短后坐式或枪机后坐式；大多以弹链供弹为主，有的也采用弹匣或者弹鼓供弹；由于机枪射速较高，通常枪管壁较厚，闭锁机构强度较高。

（四）机枪的特点

一是射速快、火力猛。机枪作为一种速射连发武器，每分钟可打出几百乃至几千发子弹，射速是一般突击步枪的几倍甚至数十倍，可在瞬间形成非常稠密的弹幕，能够有效地压制和杀伤对方有生力量。

二是用途多、能力强。机枪不仅可以连续发射子弹，还可以像步枪一样进行单发射击；通用机枪不仅可以当作轻机枪使用，还具有重机枪的功能；有些重机枪不仅可以打击地面和水面目标，还可以有效地对付低空目标。

三是稳定性好、射击精度高。机枪通常配有专用脚架，对场地要求不高，射击稳定性强，便于射手据枪瞄准，射击精度高。

四是供弹方式多、弹容量大。通常情况下，机枪配有专用弹鼓或者弹链，可以容弹数十发甚至数百发以上，比手枪和步枪的弹容量要大得多。而且有些机枪还可以使用步枪的弹匣进行供弹。

（五）机枪的未来

作为一种近战的主要支援火器，随着步兵机械化程度的不断提高，要求机枪在保持足够威力的前提下，尽量提高其机动性、射击精度和全天候作战能力，其发展趋势主要有：

一是将更加重视小口径机枪的研制，以减轻枪支和子弹的重量，提高机枪的战场机动性。

二是改进瞄准方式，在保持传统机械瞄准具的基础上，配备普通光学、微光以及热成像瞄准镜，以提高射击精度和全天候作战能力。

三是改进传统击发模式，提高机枪射速。如澳大利亚“金属风暴”武器系统采用电子化学气点火技术，共有 36 个发射管，发射率超过 100 万发 / 分钟，每毫秒能发射 180 发子弹。

四是对子弹进行革新，实现无壳化。

发射无壳弹药的美国 LSAT 轻机枪

二、陆战经典机枪

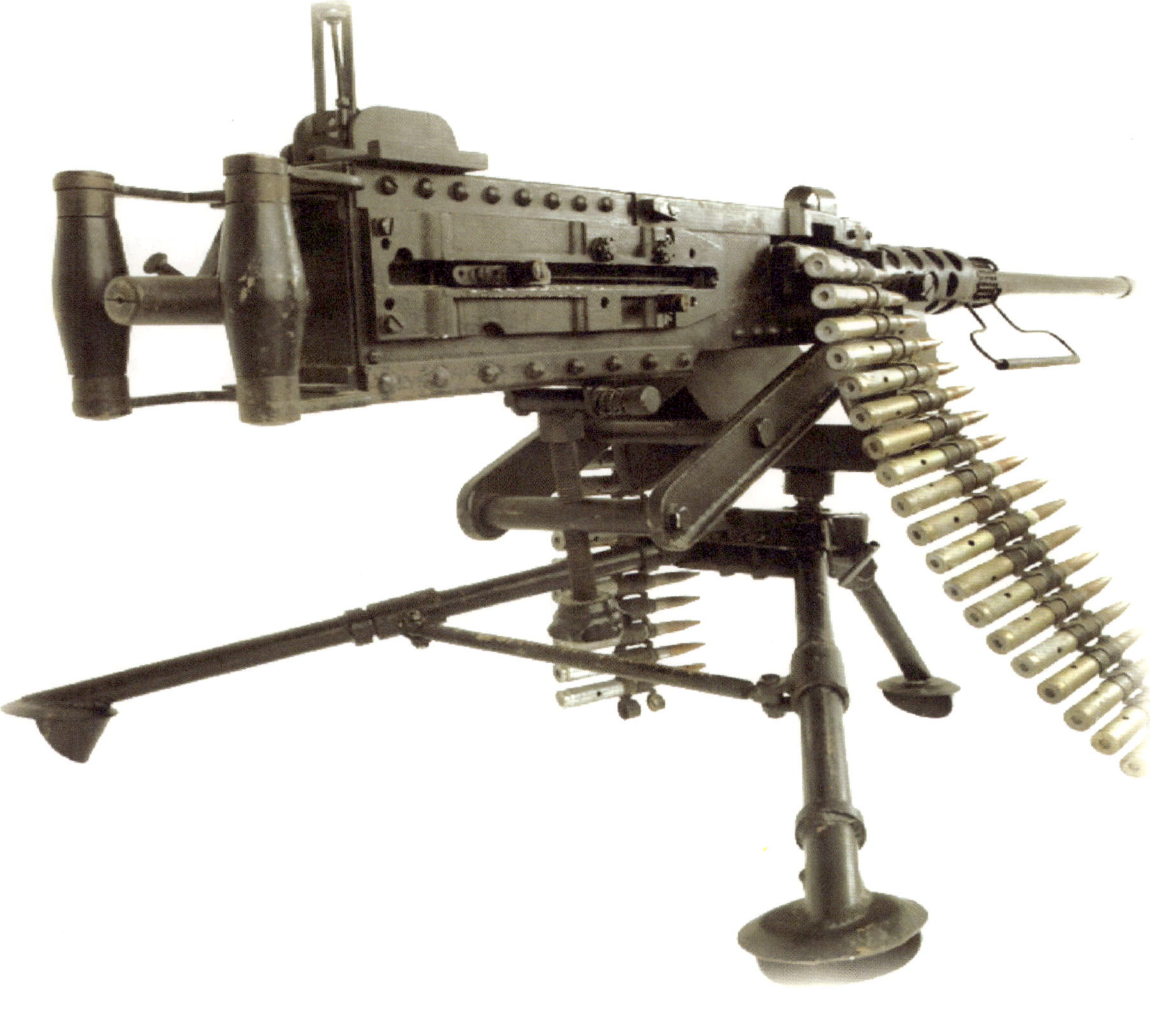

（一）美国加特林机枪

加特林机枪是世界上第一支实用化机枪，因其设计者美国人理查·乔登·加特林（Richard Jordan Gatling）而得名，由美国柯尔特武器公司生产。1818 年，加特林出生于美国北卡罗来纳州一个农场主家庭，喜欢搞点发明。1861 年，他设计出了一种枪管可以旋转的转管机枪，称为“加特林连用速射武器”，1862 年，这一发明获得专利。

该枪利用左轮枪转膛发射原理，数支枪管在一个传动机构的牵引下绕一个公共轴转动，当枪管转到某个特定位置时，击针撞击弹药将子弹发射出去，而当枪管转到另一位置时，射击后的弹膛退出机枪，这样枪管每旋转一周可完成 6 发弹药的装填、击发和退弹，每分钟可发射子弹 200 发。

机枪设计成功以后，加特林便开始了艰难的推销工作，直到 1864 年产品才有了销路。当时马里兰州的马特勒将军终于订购了 12 支机枪，并购买了 12000 发子弹。同年 6 月，该枪在攻打弗吉尼亚彼得斯堡作战中发挥了重要作用。

加特林机枪有 1862 型、1865 型、1878 型、1893 型等 10 多个型号，

口径 7.62 毫米、11.43 毫米、12.7 毫米、14.7 毫米、25.4 毫米不等，有 4 ~ 10 个枪管，具有射速快、火力猛等特点，初期的机枪每分钟可发射子弹 200 多发，经过不断改进射速达每分钟 300 发以上，加特林自己试验时射速达到每分钟 600 发，甚至创造出每分钟 1200 发的奇迹。

加特林机枪不仅是美军的制式武器装备，而且在英国、俄国、中国等国家也有一定的市场。史料称，俄、土战争中俄军曾有 8 个连使用加特林机枪，每连 50 挺。1874 年（同治十三年）前后，加特林机枪来到中国，当时称其为“格林炮”或“格林快炮”。1881 年中国开始大规模仿制，并装备到北洋陆军和北洋水师。

初期的加特林机枪采用手柄转动的方式射击，战斗激烈时，射手们就会发疯似的转动手柄，因此容易卡壳甚至炸膛，后来改为电动机驱动或液压驱动。从 1884 年开始，随着采用管退式、导气式、自由枪机式和半自由枪机式等自动武器的陆续出现，加之加特林机枪比较笨重，需要多人操作，其缺点越来越明显，最终被马克沁机枪所取代，于 1911 年结束了长达 45 年的军中服役使命。

1865 型加特林机枪

主要参数（M1872 型）	
枪全重	120 千克
口　　径	3.25 毫米
管　　数	10 管
全枪长	1750 毫米
枪管长	430 毫米
有效射程	400 米
射　　速	250 发 / 分
子弹初速	400 米 / 秒
车轮形式	木质铁箍轮

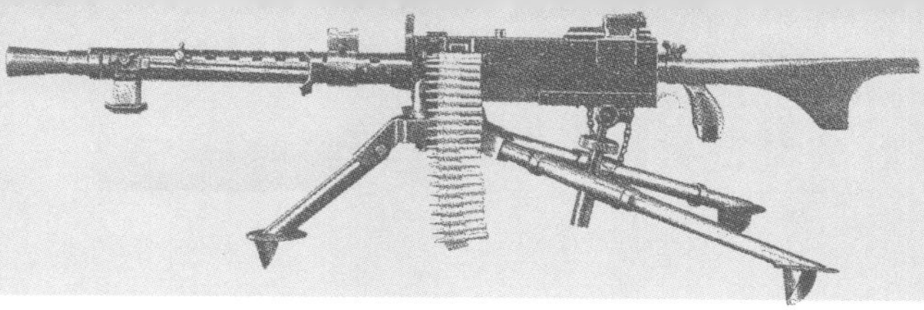

（二）英国马克沁机枪

马克沁机枪是世界上第一种真正成功的以火药燃气为能源的自动武器，中国称为赛电枪，由英籍美国人海勒姆·史蒂文斯·马克沁于1883年发明，1884年获得专利，是世界上第一支能够自动连续射击的机枪，射速达每分钟600发以上。

大家都知道，火药将子弹送出枪膛以后必然要产生一定的后坐力。1882年，马克沁赴英国考察时，发现了这一个司空见惯的现象，于是他找来一把老式的温切斯特步枪进行改装试验，实现了单管枪的自动连续射击，于1883年研制出了世界上第一支自动步枪。

通过改进枪的结构，马克沁机枪以火药气体能量为动力，将子弹的空弹壳退出并抛出枪外，然后带动供弹机构压缩复进簧，在弹簧力的作用下，枪机推弹到位，进行下一次击发，从而实现子弹的连续发射，直至弹链上的子弹打完为止。

为了保证连续供弹，马克沁发明了一个帆布弹带，弹带长6.4米，可容弹333发，多个弹带可以连在一起。为了防止连续射击枪管过热，马克沁设计了一个套筒，通过在套筒里面装水来给枪管降温。马克沁机枪的最初试验型号，由于枪管外面还没有水冷套筒，外形与今天我们看到的马克沁机枪不大一样。

1891年，英军一支50人的小分队在非洲罗得西亚与祖鲁人发生战斗时，凭借4挺马克沁重机枪击退5000名祖鲁人多数进攻，致使3000名祖鲁人丧命，首战就显示出了强大的威力。马克沁机枪问世后，世界上许多国家纷纷效仿。1908年，德国人通过改进制造出MG08式德国马克沁重机枪。几年以后，该枪的战斗性能在第一次世界大战中表现得淋漓尽致，数万英国士兵命丧于它的枪口之下。

马克沁机枪

主要参数	
枪全重	27.2千克
口径	11.43毫米
全枪长	1079毫米
枪管长	673毫米
有效射程	2000米
射速	500发/分
子弹初速	744米/秒
供弹方式	333发布弹链

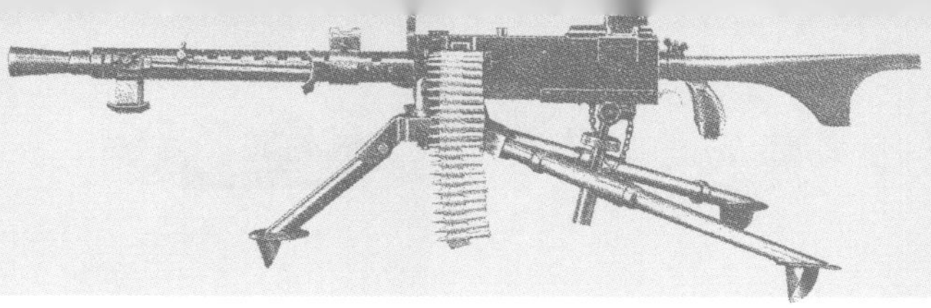

（三）法国“哈奇开斯”机枪

“哈奇开斯”机枪由奥地利人冯·奥德科莱克上尉设计，法国哈奇开斯公司生产。哈奇开斯公司由本杰明·哈奇开斯创建。本杰明·哈奇开斯是美国人，1826年出生，比马克沁大14岁，曾效力柯尔特枪械公司，1856年研制出击发式线膛步枪并获专利，但是他的发明在美国并没有受到重视，于是1867年哈奇开斯移居法国，在1875年创办了哈奇开斯公司，于1885年2月去世。

1895年，哈奇开斯公司购买了冯·奥德科莱克的专利，开始生产制造“哈奇开斯”机枪，并于1897年定型，命名为M1897式“哈奇开斯”机枪，开始装备法国部队。早在日俄战争时期，日军使用“哈奇开斯”就与俄军的“马克沁”在战场上较量过。第一次世界大战后期，法军全部换装“哈奇开斯”机枪，重创德军。

“哈奇开斯”机枪结构简单、零部件少，采用水冷方式，能够适应多种恶劣条件下作战，可靠性好。该枪安装在平射枪架上就是一挺重机枪，安装在高射枪架上就是一挺高射机枪。

“哈奇开斯”机枪主要有M1909、M1914和13.2毫米重机枪三种型号。其中，M1909型轻机枪于1901年设计，重12千克，弹夹容弹30发，日军的十一年式“歪把子”就是它的仿制品。M1914 型重机枪是“哈奇开斯”M1897、M1900、M1908 的后续型号，也是最成功的型号，重 24.4 千克（不含脚架），射程 2400 ~ 3500 米，弹夹容量 24 发，后期有 250 发金属弹链，一战结束时法国共生产了 47000 挺，日军的 92 式重机枪就是仿造的 M1914 型。13.2 毫米“哈奇开斯”重机枪由两挺 M1930 式“哈奇开斯”重机枪安装在 R3B 式高射三脚架上组成。

法国 M1909“哈奇开斯”轻机枪

仿制“哈奇开斯”的日本 92 式重机枪

主要参数（M1909）			
枪全重	12 千克	有效射程	2000 米
口　　径	7.92 毫米	射　　速	400 发 / 分
全枪长	1230 毫米	子弹初速	724 米 / 秒
枪管长	640 毫米	供弹方式	24 发弹夹，250 发弹带
最大射程	3800 米		

（四）美国 M1917 式勃朗宁重机枪

M1917 式勃朗宁出自美国著名枪械设计师约翰·摩西·勃朗宁之手，是一种水冷式重机枪。1900 年，勃朗宁曾设计出一款重机枪，并获得专利权，1910 年，勃朗宁对该枪又进行了一些改进，但遗憾的是美国军方对此并不感兴趣。

第一次世界大战期间，美国从法国购买的 M1915 绍沙机枪经常卡壳，在战场上表现很差，为此，美国国防部决定采购一种性能更为可靠的机枪。此时，勃朗宁设计的重机枪才引起美国军方的注意。1917 年，该枪很快地通过了 2 万发子弹的试验，但评审委员会认为这是一个例外，不能算数。随后，勃朗宁通过加长弹链，该枪进行了 48 分 12 秒的连续射击，毫无争议地通过了测试。美国国防部对此非常满意，决定将该枪作为制式武器，命名为 M1917 式勃朗宁重机枪。

M1917 式勃朗宁重机枪口径为 7.62 毫米，枪管外面有一个套筒，容量为 3.3 升，用来装水冷却枪管。虽然 M1917 式深受美军的欢迎，但它体积较大，比较笨重，携行不便，而且由于采用水冷方式，不适合在无水地区或寒冷地区使用，一战结束以后，将该枪的套筒去掉，推出了采用气冷方式的 M1919。

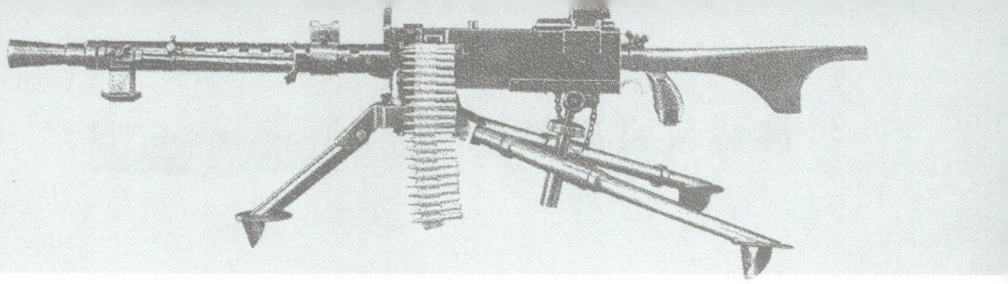

M1917 式持续火力强，动作可靠，故障率低，即使连续射击 39500 发子弹也只有一个零件出现过故障。因此，它不仅是第一次世界大战中美军士兵的保护神，还是第二次世界大战太平洋群岛争夺战中美军的主要近战支援火器，甚至有了 M1919 式以后，美军在朝鲜战场上仍然使用这种机枪。

从 1917 年开始至 1918 年第一次世界大战结束，该枪共生产了 56608 挺。1936 年，根据美国军方的要求，勃朗宁对该枪又进行了改进，命名为 M1917A1。第二次世界大战期间，约有 5.4 万挺 M1917A1 式重机枪跟随着美军出征在各个战场上。M1917 式曾被中国、比利时、波兰等多个国家仿制，在中国战场上也可以经常看到其身影，它也是抗日战争中日军比较惧怕的武器之一。

主要参数	
枪全重	47 千克
口　径	7.62 毫米
枪　长	980 毫米
枪管长	609 毫米
有效射程	1000 米
理论射速	450 ~ 600 发 / 分
子弹初速	853.6 米 / 秒
最大射程	900 米
供弹方式	250 发布弹链

美国 M1917 式勃朗宁重机枪

（五）德国 MG42 通用机枪

在 MG42 机枪出现以前，德国军队曾大量装备 MG34。MG34 机枪由德国枪械专家施坦格于 1934 年设计定型，由毛瑟兵工厂生产。在实战中，MG34 的可靠性和出色的射击性能，得到德国军方的普遍肯定，但是该枪过于精益求精、构造复杂、费料费时，即使所有工厂全部开足马力，也无法满足前线的需要。

因此，大量使用冲压组件，结构简单，性能可靠还要更胜一筹的 MG42 就应运而生了。MG42 采用金属冲压工艺制造技术，省时省料，所费工时和材料仅为 MG34 的 50%，造价是 MG34 的 70%，堪称是枪械生产技术的一次重要的突破，被轻武器评论家评为“最短的时间，最低的成本，但却是最出色的武器”。

MG42 由德国毛瑟公司生产，射击时会发出类似高速转动的电锯发出的“嗤嗤嗤”声，而不是伯朗宁或者捷克式机枪的“哒哒哒”声，也有人感觉它的声音像撕开一大片亚麻布一样，因此，美国士兵将 MG42 称为“希特勒的电锯”， 苏联士兵称之为“亚麻布剪刀”，就连德国士兵也称它为“希特勒的锯子”。

MG42 组合功能多样。如使用两脚架，配备 75 发弹鼓，可作轻机枪

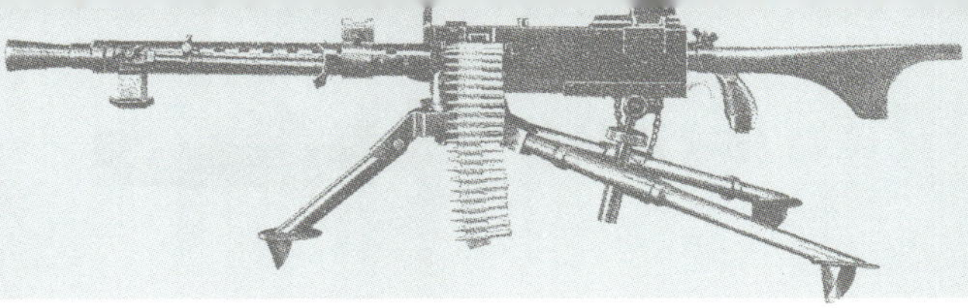

使用，跟随班排作战；使用三角架，配备300发弹箱，可作重机枪使用，成为营连的支援武器；如装上装甲车辆，就可以成为车载机枪。

MG42理论射速为800～900发/分，最大射速可达1500发/分，能将碗口粗的大树打断，有两根备用枪管，一旦枪管过热可以迅速更换，可有效对付小股目标和集团目标。德军轻机枪组由3人组成，重机枪组由4～5人组成。在第二次世界大战中，德国步兵始终以机枪为核心，通过机枪压制敌人掩护步兵行动，很少有盟军的机枪是MG42的对手。

德国MG42通用机枪

主要参数	
枪全重	11.57千克
口　径	7.92毫米
全枪长	1120毫米
枪管长	533毫米
有效射程	800米（轻机枪） 1000米（重机枪）
子弹初速	755米/秒
供弹方式	50发或250发弹链
最大射程	4700米

（六）捷克 ZB26 轻机枪

ZB26 轻机枪是在反映中国抗日战争题材的电影和电视剧中出镜率最高的一款轻机枪，它由捷克斯洛伐克布尔诺国营兵工厂于 20 世纪 20 年代制造生产，是世界上最有名的轻机枪之一。

第一次世界大战以后，捷克在法国的帮助下建立了一套完整的军工体系。1920 年，捷克布拉格军械厂的枪械设计师哈力克设计一款新型的轻机枪，称为布拉格 -1 式，其性能与勃朗宁等名枪不相上下。1923 年，哈力克又对它进行了改进，称为布拉格 -2 式，被捷克国防部选中作为制式机枪。

1925 年 11 月，濒临破产的布拉格军械厂与布尔诺国营兵工厂签署了生产合约，由双方合作生产。1926 年 4 月，样枪交由捷克国防部验收，命名为布尔诺国营兵工厂 26 型（Zbrojovka Brno vzor 26），同年开始正式批量生产。

ZB26 轻机枪的最大特点是弹匣位于枪身正上方，弹壳从下方抛出。因此，该枪的瞄准具也很特别，不在枪身的中心线上，而是在枪身的左侧。该枪口径 7.92 毫米，弹匣容量 20 发，表尺射程 1500 米，射击精准、结构简单、动作可靠、使用维护方便，2 人为一个战斗小组，配合简单、

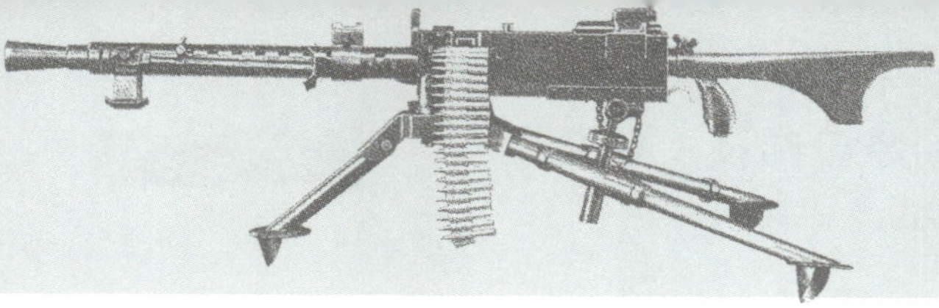

动作灵活，经过简单的射击训练就可以操作使用。

作为一款非常有名的轻机枪，ZB26 除了装备捷克军队以外，在德军占领捷克之前，还大量出口到中国、伊朗、伊拉克、埃及、智利、瑞典、土耳其等国家，出口数量约 12 万挺，其中，1927 年 ~1939 年出口到中国就有 30249 挺。不仅如此，ZB26 还被大量仿制。

主要参数			
枪全重	10.5 千克	子弹初速	744 米 / 秒
口径	7.92 毫米	有效射程	1000 米
全枪长	1150 毫米	射速	500 发 / 分
枪管长	672 毫米	供弹方式	20 发弹匣

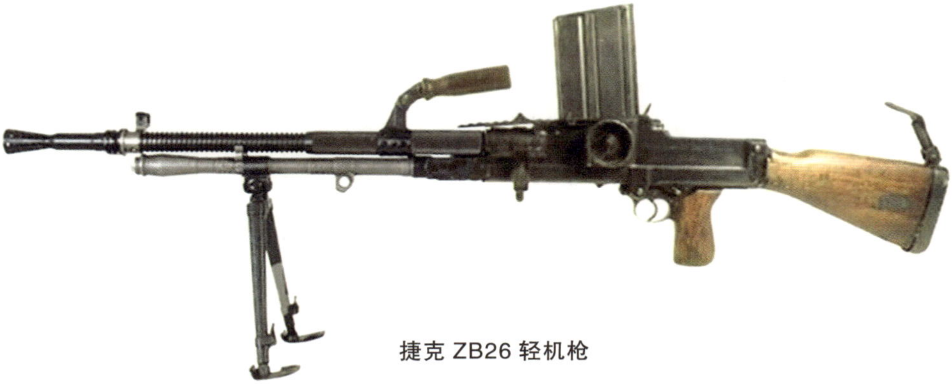

捷克 ZB26 轻机枪

（七）苏联捷格加廖夫 DP 轻机枪

第一次世界大战以后，苏联开始了轻机枪的研制工作。1923 年，捷格加廖夫按照苏联红军的战斗条令要求，开始了轻机枪的设计工作；1924 年 7 月对该枪进行了初次评审试验；1926 年，捷格加廖夫对它进行了最后的修改完善；1927 年 12 月 21 日，该枪通过零下 30 度寒区试验后，被列为苏联红军的制式装备，命名为“捷格加廖夫步兵用机枪”，简称为 DP（德普）；1928 年，正式装备苏联红军。

捷格加廖夫轻机枪结构简单，共有 65 个零部件，工艺要求不高，适合大批量生产。该枪采用 7.62 毫米口径，表尺射程 1500 米，最大射程 3000 米，有效射程 800 米，理论射速 550 发 / 分，战斗射速 80 ~ 90 发 / 分。该枪最大的特点是枪身上方有一个圆盘，用来供弹，所以在中国也有人称它为“转盘机枪”。

苏联 DP 式轻机枪和捷克 ZB26 轻机枪可谓并驾齐驱，称得上是早期轻机枪中的明珠。在苏联卫国战争中，DP 式轻机枪作为班用武器装备，伴随着苏联红军转战南北，深得广大前线士兵的喜爱，号称是德国 MG42 机枪的克星。1944 年，改进型 DPM 机枪问世。20 世纪 50 年代，捷格加廖夫轻机枪家族退出了历史舞台。

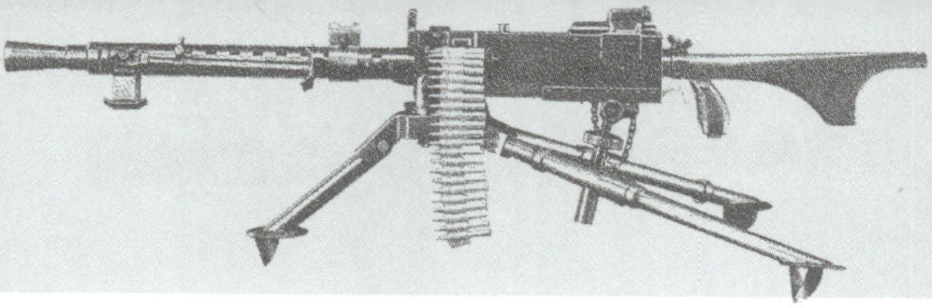

虽然 DP 式轻机枪战场表现不错，不过也有一个毛病，就是枪管发热以后，容易产生近弹，射击精度有所下降。因此，抗美援朝战争期间，有些志愿军战士发现枪管热了以后，就用冷水浸过的毛巾或衣物给它降温。

主要参数	
全枪重	9.12 千克（不含弹鼓） 11.5 千克（含弹鼓）
口径	7.62 毫米
全枪长	1270 毫米
枪管长	604 毫米
有效射程	800 米
理论射速	550 发 / 分
子弹初速	840 米 / 秒
供弹方式	弹鼓（47 发）

弹鼓

捷格加廖夫 DP 轻机枪和弹盘

（八）美国 M60 通用机枪

M60 通用机枪是世界上最著名的机枪之一，由美国斯普林菲尔德兵工厂研制。第二次世界大战后，美国获得了不少的德军武器，通过吸收参考德国的 MG42 通用机枪、FG42 伞兵步枪的做法，设计出了 T161E3 机枪（T 为美军武器试验代号）。1957 年，该枪改进后正式命名为 M60 通用机枪，用来替换 M1917 及 M1919 机枪。

M60 通用机枪采用导气、气冷、开放式枪机设计，具有结构紧凑、重量轻、精度好、易于控制、用途广泛等特点。当作轻机枪使用时，枪管上有一个两脚架；当作重机枪使用时，配一个三脚架。该枪采用直形肩托，射速不高，发射北约 7.62 毫米子弹，射速每分钟 500~650 发，比许多机枪射速要小，射击精度较高，可有效命中 200 米运动目标、600 米静止目标、压制 1500 米面状目标。

M60 通用机枪首次出现在越南战场上，先后参加过越南战争、柬埔寨内战、柬越战争、海湾战争、阿富汗战争、伊拉克战争。然而，早期的 M60 通用机枪也有一些毛病，如机匣供弹困难，必须一个人用手托平弹链，才能正常发射。

M60 主要有 M60C、M60D、M60E1、M60E2、M60E3、M60E4 等多

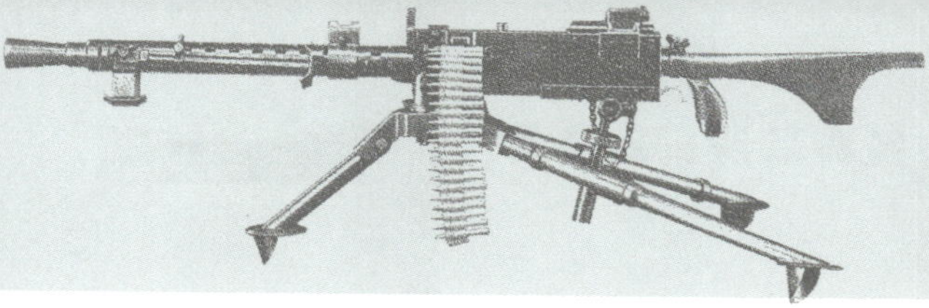

种型号，用来满足不同部队的战斗需要。其中，M60C 主要供直升机使用，可以遥控射击，现已停产；M60D 作为直升机、装甲车载机枪，扳机装在枪尾部，配有 D 形握把；M60E1 是 M60 的第一个改进版本，没有生产；M60E2 是坦克与装甲车辆并列机枪，同 M60 相比，枪管加长，采用电击发，去掉了握把、扳机、瞄准具和前托等；M60E3 重量减轻至 8.8 千克，主要装备美国海军陆战队。该枪先后出口到韩国、澳大利亚等 30 多个国家和地区，据不完全统计，迄今共生产 25 万多挺。

美国 M60 通用机枪

主要参数	
枪全重	10.5 千克（不含弹链）
口　径	7.62 毫米
全枪长	1105 毫米
枪管长	560 毫米（不含消焰器）
子弹初速	853 米 / 秒
有效射程	1100 米
理论射速	500~650 发 / 分
战斗射速	200 发 / 分
供弹方式	弹链

（九）美国 M249 班用机枪

M249 班用机枪，也称 M249 班用自动武器，简称 M249、SAW 或 M249SAW。该枪由比利时 FN 公司在 FN 公司“米尼米”（Minimi）机枪的基础上改进而成，主要装备美国陆军和海军陆战队，作为班用支援武器。

长期以来，美国军方一直将 M2、M60 作为班用支援武器使用，但两者过重，需要两人协同操作，行动不便；虽然 M16 步枪可以全自动射击，但仍无法替代机枪的作用。1980 年 5 月军方在众多的竞争对象中选定 M249 作为步兵班的制式武器，1980 年 9 月向 FN 公司提出全面生产合约，1984 年开始装备美国陆军，1985 年开始装备美国海军陆战队。

M249 采用气冷式散热，导气式工作原理，开放式枪机，当扣动扳机时，枪机和枪机连动座在复进簧的推动下向前移动，子弹从弹链上进入枪膛，击针击发后膨胀气体经枪管进入导气管回到枪机内，将弹壳、弹链扣排出，同时拉动弹链并带动枪机和枪机连动座回到待击状态，多余的气体会在导气管末端排气口排出。通过气体调节器，可将射速调整为 750 发 / 分或 1000 发 / 分。

该枪重 7.72 千克，比 M60 机枪轻大约 3 千克。该枪枪管可快速更换，护木下前方装有折叠式两脚架，既可以当自动步枪用，也可以加装在三脚架上作为轻机枪使用，还可安装车载发射架。通常情况下，每 8 个人的步兵班装备两挺 M249SAW。

M249 采用弹箱、100 发弹链和弹匣供弹方式，一般情况下每挺 M249 配有 600 发子弹，分别装在 3 个硬式塑料弹箱内，每箱装有 1 条 200 发弹链。但由于供弹太快，200 发装弹链容易断裂，不如 100 发弹链可靠。该枪配备的 M855 子弹弹头重 4.03 克、M856 曳光弹弹头重 4.16 克，一般情况下每 4 发 M855 普通弹配 1 发 M856 曳光弹，装在软帆布弹袋或硬塑料弹箱内。与 M16A1 配备的重 3.56 克 M193 子弹相比而言，这两种子弹的性能要好的多。此外，M249 在必要时也可以使用 M16 步枪的 30 发弹匣。

该枪共有 M249、M249 伞兵型、M249 特种用途型等型号。其中，M249 全长 1035 毫米，重 7.5 千克；M249 伞兵型（M249 Para）是供空降部队使用的紧凑版本，装有短枪管、旋转伸缩式管型金属枪托，全长 893 毫米、空枪重 7.1 千克；M249 特种用途武器（简称 M249SPW）是按照美国特种作战司令部的要求开发的轻量化版本，全长 908 毫米，空枪只有 5.7 千克重。

美国 M249 班用机枪

主要参数	
枪　　重	7.5 千克（空重） 10 千克（战斗全重）
口　　径	5.56 毫米
全 枪 长	1035 毫米
枪 管 长	465 毫米
子弹初速	915 米 / 秒
有效射程	700 米（点状目标）
理论射速	750 ~ 1000 发 / 分
供弹方式	弹链、弹匣
最大射程	3600 米

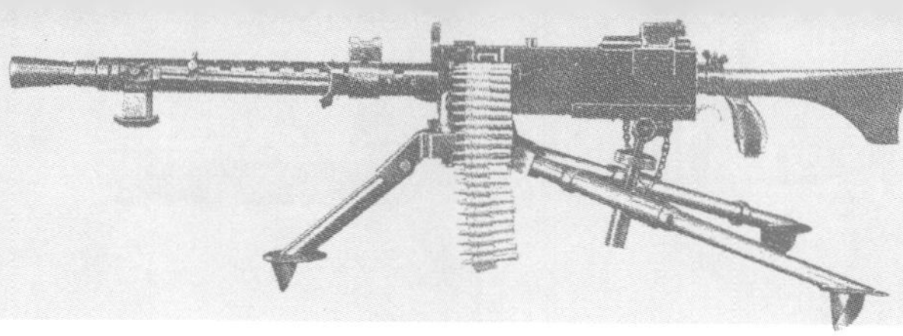

（十）德国 MG4 班用机枪

MG4 轻机枪，原来称为 MG43，该枪由德国黑克勒－科赫公司于 20 世纪 90 年代后期开始研制，2001 年 9 月首次公开亮相，2003 年正式装备德国军队，并命名为 MG4，主要用于取代之前德国国防军装备的 MG3 通用机枪。

MG3 通用机枪于 1969 年开始服役，在数十年的时间里，德国陆军一直将口径 7.62 毫米的 MG3 通用机枪作为班用机枪使用。1997 年德军换装口径 5.56 毫米的 G36 步枪后，两者子弹无法通用的问题开始暴露出来。

此外，由于 MG3 通用机枪体积大，质量较重，枪托不能折叠，巷战时使用非常不便；而且由于该枪没有前护手，射手抵近射击时必须抓住脚架才能尽量防止枪身跳动，过肩射击时还必须由副射手协助才能完成；另外，为了保障 MG3 正常射击，步兵班里还必须为其单独配备一名副射手以便携带弹药，已明显不适应现代步兵的作战要求，为此，德军决定研制新型的 MG4 用来替换 MG3。

目前，该枪共有 MG4（标准型）、MG4E（出口型）、MG4KE（短枪管出口型）三种型号，除装备德国陆军以外，还出口至阿尔巴尼亚、巴西、立陶宛、葡萄牙、南非、西班牙等国。其中，MG4 重 8.55 千克，长 1050 毫米，枪托折叠时 830 毫米，枪管长 480 毫米；MG4E 重 7.9 千克，MG4KE 重 7.7 千克，两者长 950 毫米，枪托折叠时 750 毫米，枪管长 402 毫米；MG4、

MG4E 子弹初速 920 米 / 秒，有效射程约 1000 米；MG4KE 子弹 880 米 / 秒，有效射程约 900 米。

从外形上来看，MG4 机枪与 M249SAW“米尼米”机枪非常相似，具有“德制米尼米”的昵称。该枪除装有机械瞄准具外，还可以安装 3 倍光学瞄准镜、热视仪等瞄准装置。MG4 采用简单可靠的导气原理，活塞筒和连杆传动系统位于枪管下方，活塞筒前方为气体调节钮，射手可以根据需要调节活塞筒进气量，以保证枪支在较脏的环境下能够正常使用。

该枪采用开放式枪机设计，当射手向后拉枪机柄时，枪机被固定在机匣后方，当射手扣动扳机时，枪机向前推弹上膛，尔后击发。其优点是，一方面可以加速炮管热量散射；另一方面由于枪机待击时膛内没有子弹，因此，不会发生走火现象。

MG4 配有可折叠的两脚架以及标准的 M2 式轻型三脚架和车载发射架的接口。其折叠式枪管提把，既不会像“米尼米”机枪那样影响瞄准视线，也不会在提拿提把时误触到枪管卡笋导致枪管滑动。MG4 的枪托采用塑料材质，枪托向左折叠，以便于射手右手拉动枪机柄。该枪采用弹链供弹方式，枪身下方挂有一个可装 100 发子弹链的弹袋，弹壳从底部抛出。

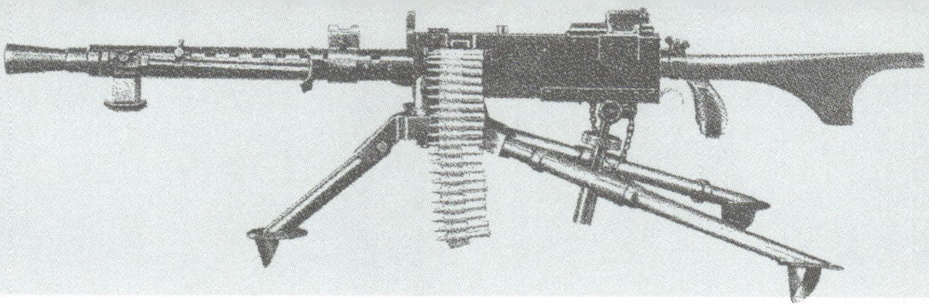

主要参数（MG4 标准型）	
枪 全 重	8.55 千克
口　　径	5.56 毫米
全 枪 长	1050 毫米（枪托展开）
枪 管 长	480 毫米
子弹初速	920 米 / 秒
有效射程	1000 米
理论射速	775 ～ 885 发 / 分
供弹方式	弹链

德国 MG4 班用机枪

三、机枪背后的故事

（一）战场上的“收割机”

第一次世界大战进入到第三个年头，形势看起来对英法两国十分不利。经过凡尔登战役的较量，虽然英法两国对德军造成了重创，但自己的损失也十分惨重。如何才能稳定住战局，挫败德国人的凶猛进攻，成为了协约国最为关注的一件大事。

1915 年 12 月 30 日，法国元帅霞飞给英军总司令黑格元帅写了一封信，他在信中提出，应在兵员和季节适当的情况下采取一个大的攻势行动，以便扭转战场上的不利态势。信中，霞飞建议将作战地区定为索姆河。海格接到信后，认为确实也应该发起一场大的攻势行动，但是他却不同意将会战地点放在索姆河地区。

索姆河位于法国北部，发源于埃纳省的圣康坦北部地区，全长 245 千米，河水很浅，两岸之间的距离不到 500 米，两边都是沼泽地，流域面积约 6000 平方千米，河水最终流入英吉利海峡，是法兰德斯通往巴黎的重要屏障，在军事上具有重要的战略意义。

第一次世界大战爆发后，索姆河地区一直处于非常平静的状态。而德军正是利用这种相对平静的时机，在这里构筑了大量的坚固工事，还构筑了深达 12 米的地下坑道网，工事内设有野战厨房、洗衣房、战地医院等，并储备了大量的弹药和食品。虽然海格最初并不同意霞飞的主张，但是后来他还是自我陶醉地认为索姆河将是一条通往最后胜利的坦途。他甚至认为，只要一声令下，英法联军就可以在一天之内将德军切为两段。

然而，事实和海格的想法却大相径庭。1916 年 7 月 1 日 7 时 30 分，经过持续一周的炮击后，由罗林森将军指挥的英国第 4 集团军和由法约勒将军指挥的法国第 6 集团军向德军的阵地发起了总攻击。接到冲锋号的命令后，英国和法国步兵纷纷跳出战壕，密密麻麻地沿着全长 40 千米的正面战线，潮水一般地冲向德军阵地。

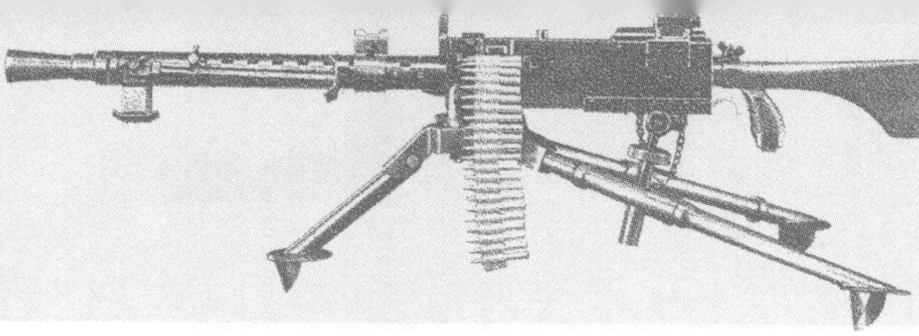

此时，在索姆河对岸的由弗里茨·冯·贝洛将军指挥的德军早已做好了战斗准备。战前，德国第2集团军所辖的8个师已经在乔克高地一带构筑了大量坚固工事，并部署了400多挺马克沁机枪。虽然从6月24日开始，在一周的时间里德军第2集团军的阵地遭到了英法联军150万发炮弹的轰击，许多工事面目全非，火炮损失较大，但是由于机枪可以比较方便地移动，损失数量并不大。

在最初的30分钟时间里，担负左翼进攻任务的英军进展顺利，很快便通过了德军的前沿阵地。大约8时整，英国士兵分成若干波次，排成长长的横列，斜举着步枪，步履缓慢地出现在了德军的阵地前面，渐渐地进入了德军事先标定好的机枪射程范围之内。此时，在地形上占有居高临下之机的德军机枪兵正等待着英国人钻进“火袋阵”。

突然间，数百挺早已埋伏好的德军马克沁机枪一齐开火，子弹像雨点般地射向猝不及防的英军士兵，战场上的喊杀声瞬间被机枪的怒吼声所遮盖掉，许多英军士兵甚至在还不知道怎么回事的情况下便一排排地倒了下去，阵地前到处都是英军士兵的尸体。仅7月1日这一天，英军伤亡人数就达6万人，而其中大部分是死在马克沁的枪口之下。

对于英国人而言，7月1日简直是英军战争史上最糟糕的一天，也是英国战史上最不光彩的一页。但对于马克沁机枪来说，索姆河一役却使它威名远扬，成为了名副其实的“战场收割机”。在历时141天的索姆河战役中，德军阵亡65万人，英法联军阵亡61.5万人，罪魁祸首就是马克沁机枪。

（二）越南战场上美军直升机的克星

第二次世界大战期间，曾是法国殖民地的越南被日本占领。1945年，越共总书记胡志明所领导的越南独立联盟在北方城市河内建立了越南民主共和国（北越）。法国则支持越南末代皇帝保大皇帝在南方城市西贡建立了政权。1955年，吴庭艳发动政变，推翻了保大皇帝，建立了越南共和国（南越）。按照1954年日内瓦会议，北南双方应实现国家统一，并于1956年7月进行选举。

但事实上，选举并未能如期进行。随着1956年春天法国驻越南军队的撤出，内战便爆发了。为了取代法国在越南的地位，达到称霸全球的目的，美国便开始了干涉越南内部事务的活动。在1955年到1961年的10年左右的时间里，美国主要是派遣军事顾问团帮助南越训练部队，但是从1965年以后，美国便直接出兵越南，进行武装干涉。

越南山地、丘陵地、水网稻田地居多，沟壑纵横，植被茂盛，地形复杂。虽然美军拥有大量的固定翼飞机，但是，在复杂的地形条件下，对付越南的游击作战还是显得有点鞭长莫及。于是，美军想到了直升机。

与固定翼飞机相比，直升机身材轻盈，机动性能好，对起降场地要求不高；和步兵相比，直升机机动速度快，克服复杂地形能力强。为了适应越南战争的需要，1965年6月28日，美国陆军正式组建了骑兵第1师，该师号称空中机动师，拥有各种直升机430架。该师甚至在还没来得及举行成立典礼的情况下，便被匆匆地被运到了越南战场。

美军直升机进入越南战场后，不仅担负近距离空中火力支援、战场侦察、炮兵校射、战场搜救、伤员运输等任务，还广泛运送地面部队实施“蛙跳”作战，给胡志明所领导的游击武装力量造成了重大威胁。

所谓“蛙跳”作战，就是地面作战部队搭乘直升机，采取类似“蛙跳”的方式逐步向前机动，在一个地点作战完毕后，再转向前方数千米以外的地域继续作战，如此反复地往前推进，直至完成整个作战任务。直升机“蛙跳”作战，机动速度快，克服地形障碍能力强，作战行动突然，可在很短的时间内迅速夺占有利目标，直捣对方纵深，还可在不利的情况下迅速摆脱对方迅速撤离战场。

面对这种突如其来的战术，最开始的时候北越军队遇到了很大的困难，人员出

现了较大的伤亡，战斗接连失利。在1965年11月4日至11月28日的德浪河谷战斗中，美军出动了大量直升机参战，由于北越军队没有足够的近程防空武器，在地面部队阵亡2000名士兵的情况下，不得不撤向柬埔寨。如果不能有效地遏制住美军的直升机空投和机降战术，战斗形势将变得更加不利，作战取胜的可能性必然大大降低。

为了支持越南人民的民族解放正义事业，当时中国曾向越南北方提供了大量54式12.7毫米高射机枪。在美军直升机没有投入越南战场的时候，北越军队所装备的高射机枪主要是配合高炮部队，担负打击固定翼飞机的任务。54式12.7毫米高射机枪于1954年生产定型，仿造的是苏联德什卡M36/46高射机枪，战斗全重93千克，有效射高1600米，理论射速540 ~ 600发/分，战斗射速80发/分，弹箱容量70发。

面对美军频繁的直升机“蛙跳”行动，高射机枪的作用开始显露了出来。1968年9月13日，越南南方游击队出动1个加强营，共计3个步兵连、1个特工连、1个火力连、2个54式12.7毫米高射机枪连、1个120毫米迫击炮连，对驻扎在林武（地名）的美军据点发动了袭击。

估计到美军直升机要来助战，越军将2个高射机枪连配置在林武据点东北侧，做好射击前的各项准备。战斗打响后不久，13日零时30分美军直升机便飞了过来，准备进行火力支援和实施机降作战，早已静候在此的越军高射机枪立即开火，迫于高射机枪火力的威胁，直到地面战斗结束时美军直升机也没敢靠近阵地的上空。

无独有偶，1971年2月13日，越南北方军队在“9号公路战役”的“500高地”战斗中，高射机枪再一次发挥了重要的作用。“500高地”位于班东（地名）以北12千米，由4个山峰组成，由西北向东南依次编为1 ~ 4号高地，其中2号高地顶部平坦，便于直升机起降。为此，北方军队派出1个营的兵力提前进入该地区，准备伏击南越机降之敌。

2月13日10时之前，该营的54式12.7毫米高射机枪分队在高地以北占领了发射阵地，其他人员也各自就位完毕。从10时30分开始，在地、空火力的掩护下，南越伞兵第6营搭乘直升机开始了机降，至10时45分，共机降400多人。发现敌人机降后，北越军的54式12.7毫米高射机枪立即向南越军的直升机猛烈射击，其中1架直升机被击落，多架被击伤。随后，北越军的这个营对进入包围圈的南越军发起了全面攻击，最终取得了伏击战斗的胜利。

第四章　地面火炮

一、地面火炮概述

火炮主要包括地面火炮和高射炮。地面火炮，简称地炮，是口径等于和大于 20 毫米的身管射击武器。地面火炮作为陆军的重要武器装备，具有强大的火力、较远的射程、良好的射击精度和较高的机动能力，是陆战的主要火力突击力量，被誉为“战争之神”。

（一）地面火炮的历史

在中国的历史典籍中曾记载过这样一段有趣的故事：隋朝初年，有个名叫杜春子的人去访问一位炼丹老人，由于天色已晚，老人便留他在炼丹炉旁歇息。夜里，杜春子突然惊醒，发现炼丹炉里冒起了长长火苗，火焰一直冲向屋顶，把房子都烧着了。后来，人们就把火和炼丹炉内的药联系起来，认为是药着火了，由此火药的名字从此流传开来。

火药发明后，很快就用在了军事上。元朝时期，中国已经制造出最古老的火炮，这就是火铳。火铳是依据南宋突火枪的发射原理而制成的，称为青铜铳，可以说是现代大炮的鼻祖。

火药传到欧洲以后，欧洲的火药和火炮技术逐渐赶上和超过了中国。15 世纪，野战炮在战场上开始出现。15 世纪末 16 世纪初，火炮已经开始装备俄罗斯军队。16 世纪末，欧洲出现了一种身管粗短（身管长约为口径的 2 ～ 3 倍）口径很大（300 ～ 500 毫米）的滑膛炮。由于该炮发射炮弹时，炮身高高仰起，像现在的高射炮一样，人们给它起了一个名字“轰天炮”。

17 世纪，火炮有了长足进步。1846 年，意大利陆军少校卡瓦利发明了世界上第一门后装线膛炮。这种火炮炮管内有两条螺旋膛线，火炮射

程和射击精度大大提高。另外，他还设计了一种弹头为锥形、弹体为圆柱型、弹尾为船尾形的新型炮弹。他的一系列发明和设计在火炮发展史上具有极其重要的意义，是古代火炮向现代火炮迈进的重要标志。

20世纪初，火炮广泛采用瞄准镜、测角器和引信装定机等仪器装置，火炮技术日益成熟，随着坦克技术的发展，世界上各国不仅装备有大量的牵引式火炮，还研制和装备了许多自行火炮。在第一次世界大战的马恩河战役中，法军炮兵曾用75毫米野战火炮猛轰德军阵地，重创德军。在第二次世界大战的柏林战役中，苏军动用的地面火炮就高达42000多门，为支援苏军地面作战，及最后攻下希特勒的老巢柏林立下了汗马功劳。

口径800毫米的德国古斯塔夫列车炮

（二）地面火炮的分类

1. 按装填方式，地面火炮可分为前装炮和后装炮。现代火炮大多为后装式，只有迫击炮、无后坐力炮等采取前装填式。

2. 按身管结构，地面火炮可分为线膛炮和滑膛炮。反坦克炮一般为滑膛炮，其他地炮一般为线膛炮。

3. 按瞄准方式，地面火炮可分为直瞄火炮和间瞄火炮。所谓直瞄火炮就是利用火炮自身的瞄准具或瞄准镜直接瞄准目标进行射击的火炮，这种炮通常射程较近，反坦克火炮一般采取这种瞄准方式。

4. 按运动方式，地面火炮可分为牵引火炮和自行火炮。

5. 按使用用途，地面火炮可分为地面压制火炮、反坦克火炮、海岸炮。其中，地面压制火炮包括加农炮、榴弹炮、加农榴弹炮和迫击炮，有些国家还包括火箭炮。反坦克火炮包括反坦克炮和无后坐力炮。

6. 按身管长度和弹道特性，地面火炮可分为加农炮、榴弹炮和迫击炮。其中，榴弹炮身管较短，弹道比较弯曲，主要用于打击高大遮蔽物后面的目标。加农炮身管较长，弹道低伸，主要用于打击装甲目标、垂直目

标和远距离目标。介于两者之间的还有一种炮就是加农榴弹炮，简称“加榴炮”,它既可以平射,也可以曲射。迫击炮是一种弹道比榴弹炮更弯曲(射角可达85度）的火炮，炮口装弹，主要用于杀伤隐蔽的敌人以及摧毁敌方的轻型工事和其他设施。

美国M119牵引式105毫米榴弹炮

（三）地面火炮的结构

现代地面火炮通常由炮身和炮架两大部分组成。炮身由身管、炮尾、

迫击炮的基本结构示意图

牵引式地炮的基本结构示意图

炮闩等组成。其中，身管用来赋予弹丸初速和飞行方向；炮尾用来装填炮弹；炮闩用来关闭炮膛，击发炮弹。

炮架由反后坐装置、方向机、高低机、瞄准装置、大架和运动体等组成。反后坐装置用以保证火炮发射炮弹后的复位；方向机和高低机用来操纵炮身变换方向和高低；瞄准装置由瞄准具和瞄准镜组成，用来装定火炮射击数据，实施瞄准射击；大架和运动体用于射击时支撑火炮，行军时作为炮车。

（四）地面火炮的特点

1. 榴弹炮。榴弹炮，是一种身管较短，弹道比较弯曲，适合于打击隐蔽目标和地面目标的野战炮。人们常用榴弹炮攻击山头背后的工事、碉堡，或桥梁和交通枢纽等。由于榴弹炮爆炸时弹丸破片多，而且均匀地分布在各个方向上，所以尤其适用杀伤集群目标。

2. 加农炮。“加农”一词是根据英文“Cannon”的译音而来，原文有长圆筒的意思。加农炮炮管细长，一般都超过其口径的40倍，而且弹道低飞、初速度高，特别适合直接瞄准射击活动目标，被人们称作“平射炮”。

3. 加农榴弹炮。加农榴弹炮是二战后期发展起来的一种新型火炮。它的身管长度介于加农炮和榴弹炮之间，弹道兼具前二者的特性，正逐渐取代加农炮和传统榴弹炮，成为21世纪火炮家族中的新主角。

4. 迫击炮。迫击炮射角较大，最小射角45度，最大射角85度，几乎接近垂直。由于它火力猛，运动能力较强，弹道比榴弹炮更弯曲，被称为火炮王国里的“小炮之王”，素有“战场轻骑兵”之誉，是现代步兵不可或缺的火力支援武器。

5. 火箭炮。火箭炮特点是重量轻、射速大、火力猛、突然性强，适

合对远距离、大面积目标实施密集射击。苏军称做“喀秋莎”的火箭炮是世界上第一门现代火箭炮 -BM13 型火箭炮。

6. 坦克炮。坦克炮是由小口径地炮演变而来的。现代坦克炮是一种高初速、长身管的加农炮，与其他火炮的膛线炮弹不同，坦克炮弹的弹种以滑膛炮弹为主。

苏联 2S5 风信子 152 毫米自行榴弹炮

7.反坦克炮。反坦克炮的特点是炮身长、初速高、直射距离远、射速快、射角范围小、火线高度低，是重要的地面直瞄反坦克武器。

（五）地面火炮的未来

一是增大射程。首先是通过加长身管来增大射程，如美国计划发展的新的野战火炮系统（AFAS）选用52倍口径，德国的PzH2000型155毫米自行榴弹炮也采用52倍口径等。其次是发展新型的远程榴弹，如美国诺登公司为陆军研制的一种冲压助推炮弹，最大射程可达70千米。

二是提高威力。首先是提高弹丸的威力。如减少弹壁厚度，以便多装炸药，或者使用高能炸药。另外是发展子母弹，提高打击集群目标和装甲目标的能力。

三是提高精度。主要是采用先进的侦察、测地、气象和计算手段，实现自动传输射击口令或自动计算和装定射击诸元，自动补偿或自动修正；以及在炮弹上采用先进的制导技术，提高火炮的射击精度。

四是提高反应能力和发射速度。主要包括采用半自动楔式炮闩，液压或电传动瞄准装置或电子瞄准装置，半自动或全自动装填系统，半可燃或全可燃药筒。

五是提高机动性和生存能力。在提高机动性方面，牵引火炮将进一步减轻重量；配备回转炮身，行军时炮身可掉转 180°，以便缩短行军长度；自行火炮采用大功率发动机，以提高行军速度和增加行程储备。在提高火力机动性和生存能力方面，要求火炮具有环射能力，并可以“打了就跑”。

炮塔可旋转的德国“阿格姆”自行火炮

二、陆战经典地面火炮

（一）日本92式步兵炮

92式步兵炮是20世纪三四十年代日军步兵营的主要支援火器，是日军侵华战争中使用非常普遍的一种火炮。该炮于1928年11月开始研制，1930年3月完成样炮试制，1932年7月设计定型，由大阪陆军兵工厂和名古屋陆军兵工厂生产。

92式步兵炮重量轻，炮身矮小，全高只有62厘米，拆下防盾后高度只有50厘米左右，和重机枪的高度差不多；结构简单，便于分解结合，可以采取畜力或人力运输，对道路交通条件要求不高，非常适合在复杂地形上使用，可以隐蔽地部署在离对方很近的距离上，对步兵实施直接火力支援。

92式步兵炮虽然是一种榴弹炮，但射界非常开阔，横向射界90度，高低射角甚至可达80度，因此，平射时可以当作加农炮使用，大仰角射击时可以当作迫击炮使用。该炮配有70毫米高爆弹、榴霰弹、烟幕弹，其中高爆弹重3.8千克。虽然该炮口径仅为70毫米，但杀伤力并不逊于口径75毫米榴弹炮和80毫米迫击炮。

抗日战争时期，八路军曾用缴获的92式步兵炮“以牙还牙”打鬼子、拔炮楼；解放战争时期，该炮曾伴随解放军走遍大江南北，屡建战功；

甚至抗美援朝战争中，志愿军还继续用它在一线掩护步兵作战。

主要参数			
口　　径	70 毫米	炮弹初速	198 米 / 秒
炮　　重	0.204 吨	最大射程	2800 米
炮　　长	2.745 米	最小射程	100 米
炮　　高	0.62 米（带防盾）	射　　速	10 发 / 分
高低射界	-8° ～ +70°	运输方式	车辆 / 畜力 / 人力拖曳，或分解运输
方向射界	左右各 45°		

日本 92 式步兵炮

（二）苏联“喀秋莎”火箭炮

“喀秋莎”火箭炮原名为 Б М–13，由苏联沃罗涅日的“共产国际”工厂生产。由于这种火箭炮的发射筒上有一个“k”字，苏军指战员便把它和一个淳朴、善良名叫喀秋莎的姑娘联系了起来，大家就管它叫“喀秋莎”。

1940 年，该炮开始投入试生产。1941 年 6 月 21 日，就在苏德战争爆发的前夜，该火箭炮性能尚未全部测试完毕的情况下，苏联决定全力生产 Б М–13 火箭炮及 Б М–13 火箭弹。1941 年 7 月 1 日，苏军第一个 Б М–13 火箭炮连正式成立，为了保密起见，就连炮兵连的人员都不知道这个家伙的正式名称，当时该连只有 7 辆试生产型的 Б М–13 和 3000 发火箭弹。

喀秋莎火箭炮是一种多轨道的自行火箭炮，共有 8 条发射滑轨，每门炮配有 16 枚口径 132 毫米火箭弹，每枚弹重 4.9 千克，既可以单射，也可以部分连射，或者一次齐射，一次齐射仅需 7 ~ 10 秒钟，最大射程 8.74 千米，再次装弹时间约为 5 ~ 10 分钟。

该炮火力凶猛，杀伤范围大，而且发射时声音特殊，在战场上具有强烈的震撼力量。1941 年 7 月 14 日，“喀秋莎”火箭炮在斯摩棱斯克前线初战告捷，共向德军占领的火车站发射了 112 枚火箭弹，在不到 10 秒的时间里，将车站附近的德军和物资列车全部炸上了天。后来，苏联

又在 БМ-13 的基础上生产出了 БМ-8、БМ-30 等系列火箭炮，整个二战期间苏军共生产了 2400 门 БМ-8 系列，6800 门 БМ-13 系列和 1800 门 БМ-30 系列火箭炮，为苏联的卫国战争立下了汗马功劳。

主要参数	
口　　径	132 毫米
管　　数	16 管
方向射界	左右各 90°
射　　速	16 发 /7 ~ 10 秒
最大射程	8740 米
重新装填	5 ~ 10 分钟

苏联“喀秋莎”火箭炮

（三）德国“黄鼠狼”自行反坦克炮

第二次世界大战中，德国人吃了不少苏联 T-34 坦克的苦头。为了对付苏联坦克，德国在仿制 T-34 坦克失败后，先后设计出三种型号“黄鼠狼”自行反坦克炮，也称坦克歼击车，主要装备德军坦克师和机械化师，用于反坦克作战，其中 1、2 型反坦克炮在 1000 米距离上的穿甲厚度为 80 ~ 90 毫米，3 型的作用距离可达 2000 米。

“黄鼠狼”1 型自行反坦克炮由缴获的法国的洛林履带式输送车就地改装而成，称为 Pak40/1 型或 Sdkfz135 型自行反坦克炮，即“黄鼠狼”自行反坦克炮。“黄鼠狼”1 型自行反坦克炮车长 5.38 米，车宽 1.88 米，车高 2 米，乘员 4 ~ 5 人，装有 1 门 75 毫米反坦克炮，无其他辅助武器，火炮高低射界为 -5° ~ 22°，方向射界为左右各 24°，弹药基数 40 发；采用水冷汽油机，最大功率 69 马力，最大速度为 38 千米 / 小时，公路最大行程 150 千米。装甲厚度仅为 9 ~ 12 毫米，一般用于二线作战。

“黄鼠狼”2 型自行反坦克炮于 1941 年 12 月 20 日研制，研制代号为 Sdkfz131，战斗全重 10.8 吨，车长 6.36 米，车宽 2.28 米，车高 2.2 米，乘员 4 人，采用德国 TIID 型坦克的底盘，该型反坦克炮的最大特点是装有 4 个大直径的负重轮，没有托带轮，而其他各型有 5 个负重轮和 4 个托带轮。装备 1 门苏德战争初期缴获的苏制 76.2 毫米反坦克炮，火炮高低射界为 -5° ~ 16°，方向射界为左右各 25°，弹药基数 30 发，辅

助武器为 1 挺 7.92 毫米机枪，装甲厚度为 14.5 ~ 30 毫米，最大速度 40 千米 / 小时，最大行程 185 千米。从 1942 年 7 月开始生产，到 1943 年 6 月生产结束，共生产了约 580 辆。该炮可以击穿二战时期中型坦克的装甲，主要用于配合坦克作战。

“黄鼠狼” 3 型自行反坦克炮也有两种型号，一种是装缴获的苏联 76.2 毫米火炮，研制代号为 Sdfz139；另一种是装德国 75 毫米火炮，研制代号为 Sdkfz138。两种型号均采用捷克 LT-38 轻型坦克的底盘，战斗全重 10.67 吨，乘员 4 人，装备 1 门 76.2 或 75 毫米反坦克炮，弹药基数 38 发，此外，还有 1 挺 7.92 毫米机枪，装甲厚度 8~25 毫米，最大速度 42 千米 / 小时，最大行程 210 千米，共生产 1338 辆。

德国黄鼠狼 3 型自行反坦克炮

主要参数（黄鼠狼 3 型）	
口　　径	76.2 毫米 /75 毫米
战斗全重	10.67 吨
车　　长	4.65 米
车　　宽	2.35 米
车　　高	2.48 米
乘　　员	4 人
射　　程	1000 ~ 2000 米
公路速度	35~42 千米 / 小时
越野速度	24 千米 / 小时
最大行程	210 千米

（四）苏联 M1938（M-30）122 毫米榴弹炮

M1938（M-30）122 毫米榴弹炮是苏联第二次世界大战中师一级作战单位的主力支援火炮。该炮由彼得罗夫所领导的团队于 1938 年完成设计，1939 年 9 月正式定型，命名为 M1938 式 122 毫米榴弹炮，先后在第 9、第 172 和第 221 兵工厂进行了大量生产。

20 世纪 30 年代，苏联急切需要一种新型火炮作为师一级的主战装备，用来替换一战时期残留下来的 M1909 和 M1910 式 122 毫米老式火炮。当时苏联曾考虑使用其他国家比较流行的口径 105 毫米榴弹炮，但是这种火炮口径较小，战场杀伤能力较弱，最终苏联决定发展口径 122 毫米榴弹炮。

该炮炮身有铆接和铸造两种类型，结构坚固，便于大量制造，既可以使用汽车牵引，也可使用马匹、人力拖拉，而且装上雪橇，还可以在冰上和雪上机动。该炮口径 121.92 毫米，战斗全重 2450 千克，行军全重 6834 千克，全长 5.9 米，最大射程 11800 米，弹药基数 80 发，射速 5 ~ 6 发 / 分，配有榴弹、破甲弹、烟雾弹、照明弹等各种类型炮弹。使用穿甲弹直射时，可在 1000 米距离垂直击穿 140 毫米厚的均质装甲钢板；使用杀伤榴弹时，有效杀伤面积为 60 米 ×20 米，爆炸产生的弹坑直径为 2 米、深 40 厘米。

该炮从 1939 年投入生产，一直持续到 1955 年，之后被 D30 型榴弹炮取代。后来，苏联又在 T34 坦克的底盘上加装 M-30 式 122 毫米榴弹炮，被称为 SU-122 突击炮。该炮不仅是苏联第二次世界大战中的主力武器装备，二战结束后，包括中国在内的许多国家还从苏联手里接收了大量的该型火炮。该炮至今仍在多个国家部队中服役，被誉为“战场常青树”。

主要参数	
炮　　长	5.9 米
炮　　宽	1.98 米
炮　　高	1.82 米
口　　径	121.92 毫米
战斗全重	2450 千克
最大射程	11800 米
射　　速	5 ~ 6 发 / 分
弹药基数	80 发
高低射界	-3° ~ 63.5°
方向射界	左右各 24.5°

苏联 M1938（M-30）122 毫米榴弹炮

（五）苏联 M46 式 130 毫米加农炮

上个世纪，苏军发现 1936 式 130 毫米舰炮非常好用，威力巨大，因此决定在其基础上加以改进供陆军使用，将其命名为 M46 式 130 毫米加农炮，用来取代 M-1937（A19）式 122 毫米加农炮，主要用于压制敌有生力量、破坏敌野战工事、摧毁敌坦克装甲车辆以及与敌炮兵作战。

M46 身管长 7600 毫米，配有直接瞄准具和 APN-3 主动 / 被动夜视瞄准镜，弹丸初速 930 米 / 秒，最大射程 27.5 千米，是 50 年代射程最远的野战火炮，1973 年后使用增程弹射程可达 38 千米。该炮配有杀伤爆破榴弹、曳光穿甲弹、火箭增程弹、照明弹等，其中，穿甲弹在 1000 米距离上的垂直穿甲厚度为 200 毫米；杀伤榴霰弹能够大量杀伤近距离集团冲锋的步兵，并可在 300 米距离上轻而易举地将轻型装甲车辆打成“筛子”。

1954 年，该炮开始装备苏联各方面军的炮兵部队和集团军炮兵团，其中，每个炮兵师装备 6 个营，每个炮兵团装备 2 个营，每个炮兵营装备 18 门，每个炮班编制 9 人。从上个世纪 50 年代开始，该炮大量对外出口至朝鲜、越南、印度、古巴、秘鲁、伊朗、伊拉克、巴基斯坦、坦桑尼亚、索马里、安哥拉、埃塞俄比亚等数十个国家。

该炮行军状态全重 8450 千克，战斗状态全重 7700 千克，主要缺点就是机动性较差，但却非常适合当作岸炮使用。

苏联 M46 式 130 毫米加农炮

主要参数	
口　　径	130 毫米
初　　速	930 米 / 秒
最大射程	27500 米
最小射程	9800 米
射　　速	5 ~ 6 发 / 分
炮 身 长	7600 毫米
弹药基数	80 发
高低射界	−2.5° ~ 45°
方向射界	50°
战斗全重	7700 千克
行军速度	50 千米 / 小时
行军战斗转换时间	3 ~ 4 分钟

（六）德国 PzH2000 自行榴弹炮

PzH2000 是德国克劳斯－玛菲·威格曼公司研制的一款自行榴弹炮，也是当今世界最先进的地面火炮之一。20 世纪 80 年代初期，英国、意大利、德国提出联合研制 SP-70 自行榴弹炮，用以取代美制老式的 M109 自行榴弹炮，但因存在较大分歧，计划于 1986 年最终取消，随后，各国开展了自行研制工作。

1986 年 10 月德国提出“2000 年装甲榴弹炮（PzH2000）”研究计划，1987 年 10 月火炮研制工作正式开始，1991 年 4 门原型炮交付军方进行为期四年的测试，1996 年 PzH2000 通过军方测试并开始量产，1998 年 7 月 1 日第一门火炮开始装备德国陆军。

PzH 2000 自行榴弹炮整体结构采用履带式，动力前置，战斗室在后，对开后门。车长 11.7 米，宽 3.6 米，高 3.1 米（3.43 米至

潜望镜顶部）；战斗全重55.8吨，加装反应装甲后重60吨，装有1台MT-881 Ka-500 V型发动机，功率986马力，最大公路速度67千米/小时，

主要参数			
口　　径	155毫米	最大射速	3发/9秒（急促射）
战斗全重	55.8吨	持续射速	10发/分
车　　长	11.7米	最大速度	67千米/小时
车　　宽	3.6米	辅助武器	1挺7.62毫米机枪
车　　高	3.1米	烟幕弹发射装置	8×2具
最大射程	30千米（40千米，增程弹）	行军战斗转换时间	30秒

德国PzH2000自行榴弹炮

越野速度 45 千米 / 小时，最大越壕宽 3 米，垂直通过高度 1 米，爬坡 26 度，配备三个油箱，公路最大行程 420 千米。

PzH2000 装有一门 52 倍口径的 155 毫米火炮，配备北约制式的 L-15A1 高爆弹、RH-40 底部排气增程杀伤弹、DM-702“SMART”远距攻顶弹药、DM-106 照明弹、DM-105 烟幕弹等多种炮弹，弹药基数 60 发，最大战斗射速 3 发 /9 秒（急促射）、10 发 / 分（持续射击），60 发炮弹可在 30 分钟内发射完毕。车上装有 1 部弹药自动装填系统，2 名操作员可在 12 分钟内将 60 发容量的弹舱装填完毕。

火炮乘员 5 人，车上装有综合惯性导航系统、弹道计算机、观察瞄准系统、热像仪、激光测距仪等顶尖水平的火控和观测系统，火炮的射击精度和快速反应能力大大提高，其行军—战斗和战斗—行军转换时间仅为 30 秒。火炮发射 L-15A2 标准炮弹时射程 30 千米，发射增程弹时射程 40 千米。

PzH-2000 车身可抵御榴弹破片和 14.5 毫米穿甲弹，炮塔顶部加装有防护装反应装甲，炮塔前、后方共装有 16 具多频谱烟幕弹发射装置，车内装有自动灭火系统和三防系统。此外，车上还装有 1 挺 MG-3 型 7.62 毫米机枪。

（七）美国 M109A6“帕拉丁”155 毫米自行榴弹炮

M109A6“帕拉丁”155 毫米自行榴弹炮，由美国联合防御 LP 公司地面系统分部开发，由宾西法尼亚州钱伯斯堡的帕拉丁生产运营中心制造，是 M109 自行榴弹炮的最新改进型，于 1993 年 6 月装备美国陆军，也是美国陆军现役最先进的自行榴弹炮。

M109 型自行榴弹炮是世界上装备数量和国家最多、服役期最长的自行榴弹炮之一，第一辆样车于 1959 年制成，1963 年开始装备美军，经过多次改进，共有M109、M109 A 1 ~ M 109 A 6等多种型号。M109A6改进计划始于1985年，该计划是 M109 历次改进中规模最大、最彻底的一次。

改装后，该炮战斗全重增加到 28.9 吨，采用新型“凯夫拉”（一种防弹材料）装甲焊接炮塔，能够有效抵御轻武器枪弹和炮弹破片的打击。装有一套全程液压自动装弹系统或半自动装弹系统，炮弹携带量增加到 39 发（M109 为 28 发、M109A2 为 36 发）。乘员由原来的 6 人减少为 4 人。火炮由 M109A2/A3 所用的 M185 式炮身改进而成，换装身管为 39 倍口径的 155 毫米 M284 火炮，榴弹射程由 M109A2/A3 的 18.1 千米增加到 24 千米，火箭增程弹射程则从 24 千米增加到 30 千米。

M109A6 最大的亮点在于其装备有先进的火控系统，主要包括弹道计算机、车辆导航和定位系统、单信道地空无线电通信系统等。这些系统能够与其他战斗车辆实现战场信息资源共享，可以在60秒之内完成从接受射击命令、解脱炮身行军固定器、计算射击诸元、赋予火炮射向、瞄准目标直至开火等一系列动作。

该炮最大射速8发/分，或每15秒3发，持续射速为每3分钟1发。炮弹弹丸重43.5千克，最大初速827米/秒，并可在炮弹发射之后迅速转移阵地，具有“打了就跑”的作战能力。此外，该炮还装有新型自动灭火抑爆系统、独立式新型核生化防护隔舱、通风过滤装置和发射药隔离装置，可以使每个乘员都能够得到独立的核生化防护，并享受到冷热空调。

主要参数			
口径	155 毫米	持续射速	1 发 /3 分钟
战斗全重	28.9 吨	最大速度	64 千米 / 小时
车长	9.75 米	行程	343 千米
车宽	3.15 米	装弹方式	半自动
车高	3.24 米	载弹量	39 发
最大射程	24 千米（榴弹），30 千米（火箭增程弹）	辅助武器	1 挺 12.7 毫米机枪
最大射速	3 发 /15 秒，8 发 / 分钟	行军战斗时间	小于 60 秒

美国 M109A6 帕拉丁 155 毫米自行榴弹炮

（八）美国 M270 式 227 毫米自行火箭炮

M270 式 227 毫米自行火箭炮的英文名称为 Multiple Launch Rocket System，缩写为 MLRS，由美国、法国、英国、德国和意大利 5 国联合研制，由沃特公司生产。该炮的研制工作始于 1976 年，1979 年底正式命名为“全般支援多管火箭炮系统”，后来改称为“M270 多管火箭炮系统”。1983 年开始装备美军，1983 年 5 月，根据和美国达成的协议，法国、德国、英国和意大利共同生产该型火箭炮。

M270 多管火箭炮主要用于加强军师两级炮兵火力，填补火炮与战术导弹之间的火力空白，具有射程远、火力反应快、杀伤面积大等特点，是当今世界上最先进的火箭炮系统之一。该火箭炮由履带运载发射车、发射箱及火控系统组成，具有集体三防功能，主要使用 M26 火箭弹、M28 火箭弹、M28A1 火箭弹、Block 陆军战术导弹和 M74 反人员反装甲弹，主要用于杀伤敌有生力量、压制敌炮兵、摧毁敌装甲目标。

M270 装有先进的火控系统，营射击指挥中心可将射击指令直接下达到班一级火力单位。每门炮由 3 名操作人员组成，发射和再次装填均可在车内完成，紧急情况下，1 人也可独立完成上述工作，1 次发射 12 发火箭弹只需 45 秒，行军战斗转换时间 5 分钟，战斗行军转换时间 2 分钟，再次装填时间 3 ~ 5 分钟。

主要参数			
口径	227 毫米	行程	640 千米
管数	12 管	高低射界	0° ~ +60°
战斗全重	24.95 吨	方向射界	360°
车长	6.85 米	发射方式	单发、连发、齐射
车宽	2.97 米	发射速度	12 发 /45 秒
车高	2.59 米	最大射程	子母弹 32000 米，布雷弹 40000 米，末制导反坦克子母弹 45000 米，战术导弹 150 千米。
最大速度	64.3 千米 / 小时		

美国 M270 式 227 毫米自行火箭炮

该火箭炮无固定身管，共有左右 2 个发射箱，每个箱中有 6 个发射管，里面装有 6 枚火箭弹，具有单发、连发、齐射功能。当发射子母弹时，每枚火箭弹内装 644 枚反装甲子弹药，子弹药重 0.23 千克，可击穿 40 毫米厚顶部装甲，1 枚火箭弹的杀伤半径 100 米，射程 32 千米，一门炮一次齐射就可抛出 7728 枚子弹药，毁伤面积达 6 万平方米，面积相当于 6 个足球场大小。当发射布雷弹时，每枚火箭弹内装 28 枚反坦克地雷，一门炮一次齐射可在 40 千米处快速形成一个 10000 米 ×400 米雷区。

1991 年，共有 201 门 M270 式火箭炮在海湾战争中首次投入实战，其中，美军 189 门、英军 12 门，主要用于攻击伊拉克的炮兵阵地、坦克集群和各种防御工事，先后共发射 17000 多发子母火箭弹（含 1170 万个子弹）、35 枚战术导弹，重创了伊拉克装甲部队。

（九）意大利“半人马座”轮式自行突击炮

“半人马座”轮式自行突击炮由意大利依维柯·菲亚特公司和奥托·梅莱拉公司联合研制，采用 8 × 8 轮式底盘，配有 1 门主炮，也称为“半人马座”轮式装甲侦察车或轮式坦克歼击车，1987 年 1 月首辆样车研制成功，1990 年底开始批量生产，主要用来装备意大利陆军轻型装甲旅，用来执行快速机动作战任务，并出口至西班牙、阿曼、美国等国家。

“半人马座”战斗全重 24 吨，采用依维柯公司生产的 6V-TCA 型涡轮增压柴油机，发动机功率 520 马力，动力舱和驾驶员舱并排设置在车体前部，有 5 个前进档和 2 个倒档，采用麦弗逊式独立悬挂，配用大尺寸防弹轮胎，最小转弯半径 9 米，采用中央轮胎充放气系统，驾驶员可以根据路面具体情况随时调节轮胎压力，通过放气系统可以使车辆在松软的路面上获得令人满意的机动性能，通过加压系统可以防止车辆在涉水时水和泥浆浸入车胎中，该车乘坐舒适，越野性能优异，最高时速可达 108 千米。

早期的“半人马座”轮式自行突击炮装有 1 门 105 毫米线膛炮，可发射各种北约标准型 105 毫米坦克炮弹，弹药基数 40 发，其中 14 发存放在炮塔内，26 发存放在炮塔下方的车体内。当使用尾翼稳定脱壳穿甲

弹时，可在1000米和2000米的距离上分别击穿450毫米和400毫米厚的均质钢装甲。1998年，依维柯·菲亚特公司和奥托·梅莱拉公司自筹资金，研制一种火力更强大的“半人马座”，主炮换装为120毫米滑膛坦克炮。

“半人马座”轮式自行突击炮采用由伽利略公司研制的稳像式火控系统，主要包括车长周视瞄准镜、炮长稳定式昼/夜潜望瞄准镜、数字式弹道计算机、各种传感器及车长、炮长和装填手显示面板等。其中，车长周视瞄准镜可360°旋转，俯仰角为-10°～+60°，放大倍率为10倍；炮长稳定式昼/夜瞄准镜由热成像仪和激光测距仪等组成，放大倍率为10倍；数字式弹道计算机可接收和处理气象、车姿和炮膛磨损传感器的数据。

“半人马座”轮式突击炮的车体和炮塔采用全焊接钢装甲结构，车体前装甲板的倾斜角度大，炮塔低矮且前部呈楔形，车体前弧范围内的装甲可抵御20毫米炮弹的攻击，车体四周可抵御12.7毫米枪弹的攻击；驾驶室与战斗室之间采用防火隔板隔开，动力室和乘员室内装有灭火抑爆系统。炮塔尾舱内装有集体三防装置，车顶可安装激光告警器，炮塔两侧各装有4具80毫米烟幕弹发射器。另外，还安装有一套一体式空调系统。

主要参数			
口　　径	105 毫米 /120 毫米	最大行程	800 千米
战斗全重	24 吨（配 105 毫米炮）、25.5 吨（配 120 毫米炮）	高低射界	-10°　~ +60°
车　　长	7.85 米	方向射界	360°
车　　宽	2.94 米	弹药基数	40 发
车　　高	2.73 米	辅助武器	7.62 毫米并列机枪 1 挺，7.62 毫米高射机枪 1 挺
最大速度	108 千米 / 小时		

意大利“半人马座”轮式自行突击炮

（十）瑞典 AMOS 120 毫米双管自行迫击炮

AMOS 120 毫米双管自行迫击炮由瑞典赫格隆茨车辆公司和芬兰帕特里亚公司联合研制，英文全称为 Advanced Mortar System，简称 AMOS，意为“先进迫击炮系统”。上个世纪 90 年代，受俄罗斯诺娜 120 毫米自行迫击炮和奥地利 SM-4 式 120 毫米四管自行迫击炮的启发，瑞典决定研制一种类似的自行迫击炮。

1997 年 6 月，上述两家公司正式签订联合研制协议，由瑞典的赫格隆茨车辆公司负责生产炮塔，芬兰的帕特里亚公司负责生产迫击炮和装填系统，同年，生产出 2 门样炮供军方试验；2006 年 3 月，首门火炮交付芬兰国防军，因此，芬兰成为了这种迫击炮的第一个用户。

AMOS 区分有履带式和轮式两种，两种版本的最大区别是在底

主要参数			
口　　径	120毫米	最大射程	10千米（增程高爆弹）、8千米（反装甲制导迫击炮弹）
战斗全重	27.5吨（履带式）、4.4吨（轮式）	最大射速	26发/分
高低射界	-3°～+85°	携弹量	48发（履带式）、84发普通迫击炮弹和6枚制导炮弹（轮式）
方向射界	360°		

AMOS轮式120毫米自行迫击炮

盘上，其他部位基本相同。其中，瑞典版的 AMOS 为履带式，采用瑞典 CV90 步兵战车底盘，炮塔采用全焊接结构，可抗 12.7 毫米枪弹的攻击，战斗全重 27.5 吨，装有更先进的计算机火控系统，弹药基数 48 发。芬兰版的 AMOS 为轮式，战斗全重仅为 4.4 吨，配有 84 发杀伤弹和 6 发制导炮弹。相比而言，瑞典版的 AMOS 的整体防护能力更强、系统更为先进，芬兰版的 AMOS 反应灵活、机动性能更强。

AMOS 装有 2 门 120 毫米迫击炮，身管长 3 米，高低射界为 -3° ~ +85° ，配备 2 个自动装弹机，后膛装弹，发射准备时间 30 秒，前 5 秒可发射炮弹 4 发，持续射速 12 发 / 分，最大射速 26 发 / 分，撤出阵地时间仅为 10 秒。该炮配备 120 毫米增程高爆弹、子母弹、制导迫击炮弹、红外烟幕弹、照明弹等弹种。其中，增程高爆弹战斗部重 3.1 千克，弹丸初速为 120 ~ 480 米 / 秒，射程为 0.3 ~ 10 千米；末制导迫击炮弹射程 5 ~ 8 千米，破甲厚度 550 毫米。

三、地面火炮背后的故事

（一）巨炮轰巴黎

1918 年 3 月 23 日 7 时 20 分，法国巴黎塞纳河畔突然传来“轰”的一声巨响，许多巴黎市民从睡梦中惊醒，眼中充满了惊恐，四处奔逃。此后，每隔 15 ~ 20 分钟就有爆炸声在巴黎城内响起，一直持续到下午。

当天黄昏，法国的电台广播了这样一则消息：“敌人飞行员成功地从高空飞越法德边界，并攻击了巴黎。有多枚炸弹落地，造成多起伤亡……”巴黎市民对这则消息困惑不解，电台里说的是德军飞机对巴黎实施了轰炸，可是他们既没有看到飞机，也没有听到飞机的轰鸣声。

3 月 29 日，巴黎市中心的圣热尔瓦大教堂被击中，91 人死亡、100 多人受伤。就在巴黎市民人心惶惶，纷纷议论是不是德军已经攻进了巴黎的时候，法国特工人员在法德边界的克雷彼发现了德国的一种大炮，并认定罪魁祸首就是它。但是，特工人员的这种说法更令人感到困惑了，克雷彼距离巴黎 120 千米，而当时火炮的射程最远不过一二十千米。

其实，法国特工的说法一点没错，频频轰炸巴黎的正是这种巨炮。该炮最初命名为“威廉大炮”，口径 210 毫米，身管长 36.1 米，炮弹重 120 ~ 150 千克，最大射程 131 千米，若把炮身竖立起来，大炮比 10 层楼还要高。它就是德军最新研制的秘密武器，因炮击巴黎闻名，德军又称之为“巴黎大炮”。

在第一次世界大战期间，空袭是德军常用的作战方式，而且屡战屡胜。1916 年，德军在讨论空袭巴黎时，一位年轻军官提议用大炮轰击巴黎，这让在场的人目瞪口呆，大家觉得这个提法简直是异想天开。

然而德军统帅部很感兴趣，觉得可以试一试，于是将研制远程火炮的任务交给了著名的克虏伯兵工厂。经过一段时间的研究和试验后，罗森伯格教授认为完全可以制造出射程为 100 千米的大炮。

1917年2月，德国军方提出火炮射程要达到120千米。鉴于当时战争的需要，罗森伯格决定利用当时尚未装到舰上的L52-5型口径355毫米的舰炮进行改装。1917年夏天，第一批火炮终于研制成功。

巴黎大炮简直是一个庞然大物，由于大炮太重了，而且炮身又长，火炮容易弯曲变形，为此只好在炮身后半部的上面加了一个支架。刚开始的时候，德国人把它安装在混凝土基座上，但大炮只能朝一个方向射击。为了解决大炮的机动问题，德国人专门为它设计了有轮缘的特制车轮，可以在铁轨上滚动，旋转盘可以进行水平转动。

1917年8月，德军最终将大炮的阵地选择在克雷彼。为了将这3门大炮运到发射地点，德军出动了大批人马，把超级大炮分解开来，装满了48节火车车皮。1918年2月，3门巴黎大炮全部到位。德军决定在1918年3月23日“耶稣受难日”的这一天对巴黎开始轰炸。

从1918年3月23日至8月9日，3门“巴黎大炮”向巴黎共发射了300多发炮弹，其中有180发落在市区，其余的落在了郊外，共造成200多人死亡、600多人受伤，给法国人心理造成了巨大恐慌。

巴黎大炮虽然堪称巨无霸，但射击时膛线磨损严重，炮管寿命有限。每打50发炮弹，炮身就要送工厂扩充内膛，因此，它的口径越做越大，口径由最初的210毫米，一直扩大到240毫米和260毫米。为此，德军还要为它准备3种不同口径的炮弹。由于巴黎大炮机动不便，整个火炮系统重300多吨，射击精度较差，不能很好地适应实战要求，所以很快就退出了历史舞台。

（二）一炮炸死日本名将之花

抗日战争时期，晋察冀边区是我党在敌后的重要根据地。1939年10月下旬，日军阿部规秀中将率其所属部队移兵涞源，分兵三路对我晋察冀边区进行冬季大扫荡。

晋察冀军区司令员聂荣臻决定采取诱敌深入、各个歼灭的战术，先打一路，后歼其余，将敌人一口一口吃掉，并将打东路的重任交给了第一军分区司令员杨成武。11月3日7时许，当日军达村大队先头进至雁宿崖与张家坟之间时，杨成武命令第1、第2、第3团突然从四面发起攻击，经数小时激战，全歼日军500余人。

得知达村大队被歼，阿部规秀恼羞成怒，决心寻找八路军主力决战，以报此仇。11月4日，阿部规秀不顾兵家大忌亲率两个大队1500余人，沿着达村大队被歼的原路南犯。

八路军决定在黄土岭摆上一个口袋阵。黄土岭位于涞源县东南，是太行山北部群山中的一座垭口，四周山峦起伏，谷深路狭，中间是条小河滩。敌人一旦钻进“袋子”，只要把两头袋口一扎紧，便插翅难飞。

11月5日，1500多日军进抵白石口，第一分区派出少量部队，采取时而堵截、时而后撤的战术，紧紧缠住敌人，日军是求战不能，追又追不上。

11月7日上午，日军先头部队边侦察边前进，一步一步地钻进了八路军早已布下的“口袋阵”。下午3时左右，当日军全部进入我包围圈之后，杨成武一声令下，早已憋足了劲的八路军将士，迅速从西、南、北三面出击，将鬼子团团围住，压缩在一条约2000米长、100多米宽的山谷里。一时间，枪炮声不绝于耳，杀声喊声震天，整个黄土岭弥漫在硝烟火海之中。

发觉自己被包围后，气急败坏的阿部规秀一方面指挥自己的部队顽强抵抗，另一面在山坡上找到一户农家当了自己的临时指挥所。

此时，正在前沿阵地指挥战斗的我1团团长陈正湘通过望远镜发现，山坡上的一座独立院落前有几个挎战刀的日军军官进进出出，院后的山坡上，还有几个日军军官正在用望远镜进行观察。他判断那肯定是敌人的指挥所，并立刻将这一情况报告给了杨成武，请求调用军区直属炮兵连的82迫击炮，将敌指挥所歼灭！

迫击炮进入阵地后，陈团长问连长杨九坪有没有把握摧毁敌指挥所，杨连长目

测后报告："炮目距离800米，在有效射程内，保证打好。"

各炮做好射击准备后，杨连长命令先打一发试一下，结果第一发炮弹飞到了院子外面，"哐！"的一声炸了。杨连长根据第一发炮弹的落点，迅速修正了射击诸元，就听见"哐！哐！"几声巨响，炮弹砸在了独立院内。硝烟散后，只见日军官兵死的死，伤的伤，横七竖八地倒在地上。

当第一发炮弹落在院外时，阿部规秀正在南屋桌子前查看地图，一个日本军官向他报告说，指挥所遭到八路军炮击，他却以为那是一发流弹。在接下来的几发炮弹中，其中一发在距南屋门口3米远的地方爆炸，弹片夹杂着碎石块飞向阿部规秀和他的参谋人员，阿部身中弹片最多，当即身亡。

此次战斗中，八路军使用的迫击炮口径82毫米，最大射程2850米，弹重4.15千克，每分钟可连续发射9～20发，火炮全重69千克，可以马驮载或3人肩扛。这种迫击炮具有射速快、重量小、结构简单、操作方便，可在复杂地形条件下使用，杀伤威力大、便于隐蔽和机动等特点，是当时八路军的主要火炮之一。

当年击毙了阿部规秀的炮手李二喜年仅18岁，被称为"神炮手"，聂荣臻还奖励了他一把手枪。他所使用的迫击炮目前作为国家一级文物陈列在抗日战争纪念馆。该团团长陈正湘1955年被授予中将军衔，曾任北京军区副司令。

阿部规秀被我八路军击毙之后，日本陆军省作了如下公布："阿部中将……在这座房子的前院下达作战命令的一瞬间，敌人的一颗迫击炮弹袭来，在距离中将几步远的地方落下爆炸。瞬间，炮弹碎片给中将的左腹和双眼，……大陆战场之花凋谢了。"日本报纸也惊呼："皇军创始以来，在以往众多的战役、事变中，关于中将级将领的战死尚未有先例"。

第五章　高射炮

一、高射炮概述

高射炮，简称高炮，是从地面对空中目标射击的一种火炮，英文称为 Anti-aircraft-gun，意指用来反飞机的一种火炮。高炮产生于第一次世界大战前夕，同地面火炮相比，高射炮的历史要短得多。

高炮具有射速快、射击精度高等特点，主要用于攻击飞机、直升机和其他飞行器等空中目标，也可以用来射击地面和水面目标。在防空导弹出现以前，高炮是对付空中目标的最主要武器，也是最有效的武器。随着防空导弹的出现，大口径高炮逐渐退出历史舞台，但世界各国仍然装备和研制相当数量 40 毫米以下的高射炮系统，担负中低空防御任务。

（一）高射炮的历史

19 世纪下半叶，西欧战事不断。1870 年 9 月普法战争期间，普鲁士数万大军包围了法国首都巴黎，切断了巴黎同外界的一切联系。为了与外界取得联系，法国政府决定派内政部长甘必大乘坐载人气球，飞越普军防线，到都尔城组建部队。10 月 7 日，甘必大乘坐刚发明不久的气球升空了，由于没有防空武器，普鲁士军队只能眼睁睁地看着法国的气球在两个城市之间穿梭。

为了彻底切断巴黎同外界的联系，普军在较短的时间内就研制出了一门口径为 37 毫米的对空射击火炮。这种火炮由加农炮改装而成，安装在四轮车上，采用人推的方式移动火炮位置。该炮采用直接瞄准方式，打下了不少气球，法军再次处于被动地位。这种“打气球炮”就是高射炮的雏形。

1906 年，德国爱哈尔特军火公司根据飞机和飞艇的特点，在原来 37 毫米“打气球炮”的基础上，设计出了专门用来打飞艇和飞机的口径为 50 毫米的高射炮。火炮装在汽车上，炮弹初速 573 米 / 秒，射程 4200 米，标志着世界上第一门高射炮正式问世。

两年之后，德国又制成一门性能更优越的高射炮。该炮口径为 65 毫

典博福斯 40 毫米 L–70 高炮

米，可通过转动手轮控制高低射界。1914 年，德国又研制出性能比前两种更好的口径为 77 毫米的高射炮，炮身装在简易炮盘内，炮架装有 4 个轮子，行军时可将炮盘折叠起来，利用汽车牵引或马拉，战时打开炮盘，支起炮身，就可以对空射击。

1915 年，俄国研制了一种口径为 76 毫米的高射炮，该炮不仅可以对空射击，还可攻击地面和水面目标。

第一次世界大战期间，在高射炮和飞机的博弈中，高射炮总是处于上风，这就导致了飞机性能的不断提升，而反过来又促进了高射炮的发展。

20世纪30年代，高炮数量急剧增加，许多军队不仅装备有小口径和中口径高射炮，有些国家还装备有大口径高射炮。二战期间，随着炮瞄雷达的研制成功，高炮的对空作战能力大增，各种高炮相继问世。

二战以后，由于飞机性能的不断提高，许多高炮都加装有由电子设备和计算机组成的火控系统。20世纪70年代初期以来，随着防空导弹的大量出现，高炮逐渐用来打击低空和超低空目标。

（二）高射炮的分类

1. 按运动方式分，高炮区分为牵引式高炮和自行式高炮。

2. 按口径分，高炮区分为小口径、中口径和大口径高射炮。口径小于60毫米的为小口径高射炮，如国产74式双管37毫米高射炮、59式57毫米高射炮；60～100毫米的为中口径高射炮，如德国88毫米高射炮；超过100毫米的为大口径高射炮，如日本150毫米高射炮、国产59式100毫米高射炮。其中，小口径高射炮通常以弹丸直接命中的方式毁伤目标；中、大口径的型号由于受到发射速度的限制，多在目标附近用近炸引信引爆弹丸，以弹丸破片毁伤目标。

3. 按管数分，高炮可区分为单管高炮、双管高炮、多管高炮。其中，大口径和中口径高炮一般采用单管，中小口径高炮一般采用双管或多管。

（三）高射炮的结构

高炮作为火炮的一种，其基本结构与地面火炮比较相似，主要有炮身、炮闩、压弹机、反后坐装置、摇架、高低机、平衡机、方向机、自动瞄准具、照明装置、炮车等构成，以及搜索雷达、炮瞄雷达、光学瞄准镜。

俄罗斯 Zu-23-2 型双管高炮

（四）高射炮的特点

高炮随着飞机的出现而出现，随着飞机的发展而发展，具有炮身长、初速大、射界大、射速快和射击精度高等特点。

一是身管长。高射炮身管一般较长，如二战中威力最大的日本 150 毫米高射炮身管长达 9 米。

二是射速快。高炮的口径不同，射速也不同，通常来说口径越小，射速越快。如猎豹 35 毫米双管自行高射炮理论射速可达每分钟 550 发，M163 式 20 毫米火神高射炮可达到每分钟 3000 发。

三是射击精度高。如猎豹 35 毫米自行高射炮的火控系统包括搜索雷达、跟踪雷达、火控计算机、辅助计算机、光学瞄准具、红外跟踪装置、激光测距仪等，作用距离为 15 千米，可同时跟踪多个目标，单发命中率达 15%。

四是射界大。高炮能够进行高低俯仰操作，垂直角度可以达到 90 度。如博福斯 40 毫米高炮的高低射界范围是 -5° ~ +90° ，水平方向可 360° 回转，而且转动速度快。

五是机动能力强。如 M163 式为 20 毫米 6 管自行高射炮，越野能力强，

机动速度达 68 千米 / 小时，通过垂直墙高 610 毫米，越壕宽 1680 毫米。

英国“神枪手”高射炮

（五）高射炮的未来

随着科学技术的不断进步，高炮作为一种有效的防空兵器仍然焕发着强大的生命力，将朝着威力大、精度高、作用距离远、自动化程度高的目标不断发展。

一是继续以发展小口径高炮为主。由于大口径高炮射击速度慢，而且现代飞机飞行高度越来越高，自20世纪70年代初以来，大多数国家都把重点放在口径60毫米以下的小口径高炮的研制和生产上，主要用于对付低空目标。如希腊的“狩猎女神”，俄罗斯的ZSU-23-4，瑞士的ATAK35，以及瑞典的“特里尼迪”等，口径都为30～35毫米，这种口径的高炮约占50%左右。

二是更加普遍采用大威力的新弹种。20世纪70年代，高炮主要采用普通榴弹和穿甲弹。70年代中期以后，出现了带近炸引信的预制破片弹、薄壁榴弹和脱壳穿甲弹。这些新弹种具有初速高、威力大、飞行时间短、精度高等特点。另外，有些高炮还采用了热成像寻的弹头、毫米波雷达寻的弹头等末制导装置。

三是优先改善高炮探测系统。雷达等观察、探测设备作为高炮的耳目，一直是高炮发展的重要方向。为了提高搜索雷达和跟踪雷达的探测和抗

干扰能力，高炮将广泛采用脉冲多普勒体制和单脉冲体制，并配备普通光学、红外、激光或电视等探测设备，如ZSU-23-4、“野猫”“狩猎女神”30毫米高炮等就安装有上述多种辅助设备。

四是大力发展弹炮合一系统。正如尺有所短、寸有所长，地空导弹虽然发射速度慢，但射击精度高；高炮虽然射击速度快，但精度差。目前，许多国家都将重点放在弹炮合一系统的研制上，实现一套火控系统可以控制2门高炮和1座导弹发射架。如国产PGZ95式、俄罗斯的“通古斯卡”M-1式就是其中的代表。

俄罗斯“通古斯卡”M1弹炮合一防空系统

瑞典 40 毫米 CV90 自行高炮

二、陆战经典高射炮

（一）瑞典博福斯 40 毫米高炮

1932 年，博福斯公司应瑞典海军要求，设计出了一种口径为 40 毫米的舰炮，命名为 M32 型。两年后，该公司在 M32 型的基础上为陆军生产出牵引式 40 毫米野战高炮，命名为 M34 型。

M34 型高炮炮车底盘采用双轴式 4 轮布局，炮架和所有操控部件全部置于其上，下部炮架设有 2 个坐垫供 2 名炮手坐在上面操作火炮，其中，右侧副炮手负责操控旋转机构，左侧主炮手负责操控高低机构并踩下脚踏板实施击发。该炮只需要将炮轮收起，就可由牵引状态转为战斗状态；如遇紧急情况时也可在牵引状态下立即投入战斗。

该炮配有高爆弹、穿甲弹和训练弹，其中高爆曳光弹重 1 千克，连同弹壳和装药整发炮弹重约 2.15 千克，供弹机构有 3 排导轨，每排可容纳一个弹夹，每个弹夹带弹 4 发，最大理论射速每分钟 140 发，实际战斗射速每分钟 80 发。

由于该炮机动性强，可伴随装甲部队一起行动，同时还能弥补轻型高炮和重型高炮之间的火力空白，可有效对付中、低空的空中目标，因此赢得许多国家军事代表团的关注，于是博福斯公司对这种炮又进行了一些改进，生产出 M36 出口型，并先后出口到波兰、奥地利、比利时、挪威、匈牙利等国。

二战中，随着德国占领了大部分西欧国家，这些国家的生产厂家也全部落入德国人之手，开始为德军生产这种高炮。二战期间，不仅盟军在使用博福斯 40 毫米高炮，就连德国人也在使用，因此，它可以称为“双面高炮”。

主要参数			
战斗全重	1981 千克（L/60） 5150 千克（L/70）	最大射程	7160 米（L/60） 12500 米（L/70）
口径	40 毫米	最大射高	5000 米（L/60）
管数	单管	最大理论射速	120 发 / 分（L/60） 330 发 / 分（L/70）
高低射界	-5° ~ +90°	最大实际射速	80 ~ 90 发 / 分钟
方向射界	360°	炮弹初速	881 米 / 秒（L/60） 1021 米 / 秒（L/70）

瑞典博福斯 40 毫米 L-60 高炮

（二）德国 88 毫米高射炮

第一次世界大战以后，飞机的性能不断提高，一些高炮已经无法适应当时的防空作战要求，为此，许多国家开始研制新型高炮来对付飞机。众所周知，德国是第一次世界大战的战败国，受有关条约的限制，无法生产新型武器装备，因此，德国决定由本国的克虏伯公司与瑞典的博福斯公司共同研制新型高炮。88 毫米高射炮就是在这种背景下研制出来的。

德国的 88 毫米炮是二战中非常出名的一种火炮。最初设计时该炮口径为 75 毫米，为了增大射程，提高该炮的作战威力，在军方的要求下，口径改为 88 毫米，德国人将他称之为 Flak88。Flak 是德语 Flugabwehr-Kanone 的简写，为防空炮的意思。该炮是第二次世界大战中德军最主要的炮种，共有 Flak 18/36/37/41/43 等多种型号，其中部分型号作为高炮使用，部分型号被安装在坦克上，作为反坦克炮。

88 毫米高炮之所以成为一种名炮，并不是因为它打下的飞机多，而是它具有强大的反坦克作战能力，是二战中英军坦克及苏联的 T-34 坦克的致命杀手。第二次世界大战时，德军将领隆美尔所指挥的装甲部队曾先后在法国和北非战场上用该炮重创英军坦克，其发射的重 9.97 千克的穿甲弹可以在 2000 米的距离上将英军的重型坦克的正面装甲击出一个直径 100 毫米的大洞。

德国 88 毫米高射炮

主要参数	
战斗全重	7407 千克
口　　径	88 毫米
管　　数	单管
高低射界	-3° ~ +85°
方向射界	360°
最大射高	7620 米
最大射程	11900 米（对空） 14860 米（对地）
射　　速	15 ~ 20 发 / 分
炮弹初速	820 米 / 秒

（三）苏联M1939型37毫米高炮

前文提到瑞典研制生产的博福斯40毫米高炮虽然出售给许多国家，但苏联并不在其列，然而苏联生产的M1939型37毫米高炮却与博福斯40毫米高炮具有非常亲近的血缘关系。

M34型博福斯高射炮出现后，苏联就以这种高炮为模板试制了一小批高炮，只不过口径不是40毫米而是25毫米。1939年，苏联在25毫米高炮的基础上，将口径放大为37毫米，这就是M1939型37毫米高炮。

该炮战斗全重2100千克，炮班编制8人，采用5联装弹夹供弹，水平最大射程8500米，实用最大射高3000米，发射高爆穿甲弹时，可在500米的射击距离上击穿46毫米厚的钢板，主要用于打击低空飞行的飞机，并具有打击中空飞机的能力。该炮装备部队后，成为第二次世界大战前线苏军的主要防空武器之一。

苏联 M1939 型 37 毫米高炮

主要参数	
战斗全重	2100 千克
口径	37 毫米
管数	单管
高低射界	-5° ~ +85°
方向射界	360°
最大射程	8500 米
最大射高	3000 米
理论最大射速	160 发 / 分
实际最大射速	60 发 / 分
炮弹初速	880 米 / 秒

（四）希腊“狩猎女神”30毫米双管高射炮

希腊“狩猎女神”30毫米双管高射炮由希腊武器工业公司研制。1982年10月，该炮在雅典防务展览会上首次展出；1982年11月，完成最后鉴定；1984年10月，签定生产合同；1985年开始生产；1986年交付第一批产品。现装备希腊国防军和塞浦路斯国民警卫队，主要用于打击和拦截低空目标，也可用于攻击地面装甲目标和其他目标。

“狩猎女神”是一种牵引式高炮，炮长7.95米，高2.25米，每门配3名炮手，每套系统由3门高炮、指挥及控制系统和牵引车组成，火炮配有前视红外跟踪装置和跟踪雷达，能够自主探测、捕获和跟踪目标，自动化操作系统与跟踪天线、火炮随动系统可一体联动，炮身低矮，便于操作，隐蔽性能好，机动能力强，具有昼夜和全天候作战能力。

“狩猎女神”配有2管30毫米口径的机关炮，该炮由德国毛瑟公司和希腊武器工业公司联合生产。炮架上装有一个卧式弹鼓，火炮装在卧式弹鼓的两侧，弹鼓内有2个弹药箱，共装弹500发，弹链从装填漏斗进入中央弹鼓并通过输弹槽供弹，当弹链上剩下8发弹时，弹链与输弹槽自动解脱，再次装弹后，可恢复自动供弹。该炮构造简单，只有12个活动部件，非常便于维护保养和后勤保障。

该炮配有美国 GAU-8A 式榴弹、曳光榴弹、曳光半穿甲榴弹、脱壳穿甲弹，最大射程 8400 米，有效射程 2000 ~ 3500 米，最大初速 1035 米 / 秒，双管齐射在一分钟内可发射炮弹 1600 发，射速大于苏联的 23 毫米机关炮。对空射击时，主要选用榴弹、曳光榴弹或曳光半穿甲榴弹；对地面装甲目标射击时，主要选用半穿甲榴弹或脱壳穿甲弹。

该炮采用瑞典菲利普电子公司生产的组件式火控系统，共有雷达火控系统、光电火控系统和火炮自备的光学瞄准系统等多套火控系统可供选择。雷达火控系统主要由 1 部跟踪雷达和 1 台计算机构成，可同时控制 6 门火炮，具有全天候工作能力。

光电火控系统主要由电视摄像机、红外摄像机、激光测距机和计算机组成，装在一辆小型单轴拖车上，由一人操作，使用光电火控系统通常可以指挥 3 ~ 4 门火炮，反应时间 5 秒。白天作战时，使用带有电视摄像机的光电火控系统；夜间作战时，使用带红外摄像机的光电火控系统。

主要参数	
战斗全重	7400 千克
口径	30 毫米
管数	双管
最大射程	8400 米
有效射程	2000 ~ 3500 米
最大射高	4800 米
最大初速	1035 米 / 秒
高低射界	-5° ~ +85°
方向射界	360°
理论射速	2×800 发 / 分
系统反应时间	5 秒
机动方式	牵引

希腊“狩猎女神”30 毫米双管高射炮

（五）瑞士GDF 35毫米双管高射炮

20世纪50年代后期，瑞士厄利空公司开始为陆军研制35毫米高射炮。1959年，首门样炮研制成功，命名为GDF-001式。此后，在GDF-001式的基础上，又相继研制了GDF-002、GDF-003、GDF-004和GDF-005式，其中除GDF-004研究发展型没有生产外，其他各型均已经投入生产和使用。

GDF高炮战斗全重6.7吨，炮班编制3人，配有35毫米双管高炮，初速1175米/秒，有效射程4000米，有效射高3000米，理论射速1100发/分，发射曳光燃烧榴弹、燃烧榴弹、曳光穿甲燃烧榴弹。该炮越野能力强，可采用卡车牵引，也可使用飞机空运。

GDF-001至GDF-003型装有“防空卫士”火控系统和费兰蒂GSAMK3型光学瞄准具，GDF-005型则将GSAMK3式光学瞄准具升级为“炮王”光电瞄准具，战斗性能有了较大提高。该炮装备的“防空卫士”火控系统，性能先进，自动化程度高，射速快，火力反应仅为1.5秒，2秒内可发射炮弹40发，具有全天候作战能力。

GDF系列高炮均安装有自动装弹系统，其中GDF-001至GDF-003型采用的7联装弹夹，带弹238发；GDF-005型为12个弹夹（84发弹），带弹280发。GDF–005型有两种工作方式：一是采用“炮王”瞄准具进行射击；二是利用“防空卫士”火控系统进行遥控，自动射击。1个高炮连由一部“防空卫士”火控系统和两门高炮组成。

该炮在世界上影响非常大，许多国家装备的35毫米高炮都和它有着非常近的血缘关系，如德国“猎豹”、荷兰“凯撒”、日本“87式”、波兰“劳拉”、英国“神枪手”、国产90式35毫米高炮。

主要参数			
战斗全重	6.7吨	方向射界	360°
口径	35毫米	携弹量	238发（GDF001~GDF003）/280发（DGF005）
管数	2管	射速	2×550发/分
有效射程	4000米	运动方式	卡车牵引
有效射高	3000米	行军战斗转换时间	1.5分钟
理论射速	1100发/分	炮班人数	3人
高低射界	–5°~+92°	炮弹初速	1175米/秒

瑞士 GDF-001 式双 35 牵引式高炮

（六）美国 M163 式 20 毫米“火神”自行高射炮

M163式火神高炮，也称“伏尔甘”高炮。在罗马神话中“伏尔甘”是“火与锻冶之神”，也就是“火神”。该炮由美国通用电气公司于 1964 年研制，1965 年正式定型，1968 年 8 月起正式服役，用以取代 M42 式 40 毫米双管自行高炮。

“火神”高射炮具有射速快、火力密度大、射击方式灵活、防护能力好、机动能力强等特点，主要装备美军机械化步兵师和装甲师属混合防空炮兵营，与“小槲树”防空导弹配合使用，主要用于掩护前沿部队，对付低空飞机和武装直升机，也可对付地面轻型装甲目标。

M163 式自行高射炮乘员 4 人，全车由火炮、火控系统、底盘、雷达、M61 式瞄准具、夜视瞄准镜、M741 式履带式装甲车等组成。其中，M741 型是 M113 装甲输送车底盘的改进型，车体采用铝合金装甲全焊接结构，战斗全重 12.3 吨，比 M42 要轻得多，最大速度 64 千米 / 小时，最大行程 483 千米。

该炮采用的是加特林转管机枪的原理，主要武器为 6 管 20 毫米机关炮。6 个身管被安装在同一轴上，并被固定成为一个整体。射击时，6 个身管绕轴旋转，但在同一时刻只有一个身管进行射击，而其余 5 个身管

分别处于装填、闭锁和退壳等状态。采用这种结构设计，高炮对空中目标和地面目标的射速分别达到 3000 发 / 分和 1000 发 / 分，因此，不仅射击速度和火力密度大大提高，而且还有利于枪管自身冷却，提高身管的使用寿命。

“火神”高射炮采用弹鼓供弹方式，这也是其另一个主要特点。弹鼓内装有专用装填机构，炮弹放在弹鼓后，由输送带送至炮尾，实施供弹。采用这种方式，不仅带弹量大大增加，射速大大提高，而且还能够有效降低弹链供弹容易卡壳等问题。该炮配有曳光榴弹、曳光穿甲弹、燃烧榴弹、曳光燃烧榴弹，每台车自身携带炮弹 2100 发，并配有 1 辆装有 4200 发炮弹的弹药车。炮手可根据作战需要，选择 10 发、30 发、60 发和 100 发 4 种不同的点射模式对空中和地面目标射击。

“火神”高射炮有自行式和牵引式两种，牵引式称为 M167 型。该炮曾参加过 1991 年的海湾战争，主要担负前方地域部队空中掩护任务。近年来，美国对该炮进行了不断改进。该炮的主要缺点是雷达探测距离较近，作用距离仅为 5000 米，比德国“猎豹”双 35 高炮明显低一个档次。

美国 M163 式 20 毫米火神自行高射炮

主要参数			
车长	4.86 米	有效射高	900 米
车宽	2.85 米	理论射速	对空 3000 发 / 分钟，对地 1000 发 / 分钟
车高	2.9 米	炮弹初速	1030 米 / 秒
战斗全重	12.493 吨	携弹量	2100 发
口径	20 毫米	最大速度	64 千米 / 小时
管数	6 管	最大行程	483 千米
高低射界	-5° ～ +80°	装甲厚度	12 ～ 38 毫米
方向射界	360°	乘员数量	4 人
有效射程	1650 米		

（七）苏联 ZSU-23-4 自行高炮

ZSU-23-4 自行高炮是苏联装备的第一种全天候、全自动多联装自行高射炮，由毕科尔和别列别洛夫斯科设计，图拉兵工厂生产，以流经俄罗斯西伯利亚的石勒喀河命名。1960 年 2 月，第一门样炮试制成功；1961 年 8 月 26 日至 10 月 24 日，完成了国家鉴定；1963 年开始批量生产；1965 年正式服役。该炮总产量 4000 多门，主要用于野战防空，用来替换苏军师以下部队装备的 ZSU-57-2 自行高炮。

1965 年 11 月，该炮在莫斯科红场阅兵式中首次露面，由此刺激引发了北约国家发展先进自行高炮的劲头，促使“猎豹”等各种自行高炮的相继面世，因此，也有人称其为“自行高炮中的 AK-47”。

ZSU-23-4 自行高炮乘员 4 人。底盘为 PT-76 水陆两栖坦克的改进型。战斗全重 19 吨。车体平均厚度 8 毫米。采用封闭式炮塔，区分为火力舱和火控系统舱。此外，车内还装有弹道计算机、雷达、导航设备、自动灭火装置以及三防装置。

ZSU-23-4 装有 4 管 23 毫米高炮，身管使用寿命 3000 发，采用左右两侧弹链供弹，发射曳光燃烧榴弹和曳光穿甲燃烧弹，炮塔两侧各有一弹箱，每箱装弹 1000 发。弹药箱区分为内、外隔舱，其中，内隔舱装有

480 发炮弹，负责给上炮供弹；外隔舱装有 520 发炮弹，负责给下炮供弹。每条弹链上每隔 3 发榴弹装有 1 发穿甲弹。

该炮主要特点是安装有炮瞄雷达与火炮稳定装置，雷达搜索距离 20 千米、跟踪距离 8 千米。射击稳定性好、射击精度高，通常每管炮采取 3 ~ 5 发或 5 ~ 10 发点射，也可以单管 50 发进行长点射射击，并可在时速低于 25 千米、车体侧倾不大于 10° 的状态下进行行进间射击，停止间毁伤概率为 33%、行进间为 28%。

该炮共有 ZSU-23-4B、ZSU-23-4B1、ZSU-23-4M、ZSU-23-4MP 等型号。其中，1985 年生产的 ZSU-23-4M 式，装有新的抗干扰装置和敌我识别装置。ZSU-23-4MP 在炮塔顶部右侧加装有 2 个导弹发射舱，每舱配有 2 枚地空导弹，导弹拦截距离 5000 米、拦截高度 3000 米，发射的新一代穿甲脱壳曳光弹，射高 2500 米，有效射程 3000 米。经过一系列改装后，该炮对飞机的杀伤概率从原来的 0.3 提高到了 0.6，可靠性提高了 2.5 倍。

该炮自问世以来，几乎参加了所有 20 世纪 70 年代以后的战争。在 1973 年的第四次中东战争中，在以色列空军损失的 300 多架战机中，有 1/3 是被“石勒喀”打下来的。在苏联入侵阿富汗战争中，“石勒喀”甚至充当了地炮的角色，以大仰角对高山上的阿富汗游击队实施攻击。在 1991 年海湾战争的开始阶段，多国部队曾提醒自己的飞行员小心地面上的“石勒喀”，要求其飞行高度不得低于 1300 米，以免被其击落。该炮的主要缺点是系统反应时间较长，雷达不能边跟踪边搜索，对付超低空

快速目标有一定困难，对付多批多架次目标的能力较差。

主要参数			
乘员	4 人	方向射界	360°
战斗全重	19 吨	最大射程	7000 米
车长	6.54 米	有效射程	2500 米
车宽	3.13 米	最大射高	5100 米
车高	2.576 米	有效射高	1500 米
最大速度	50 千米 / 小时	最大初速	970 米 / 秒
最大行程	450 千米	理论射速	3400 ~ 4000 发 / 分钟
口径	23 毫米	实际射速	4×200 发 / 分
管数	4 管	携弹量	2000 发
高低射界	-4° ~ +85°	行军战斗转换时间	5 秒

苏联 ZSU-23-4 自行高炮

（八）德国“猎豹”双35毫米自行高炮

“猎豹”双35毫米自行高炮采用德国“豹”1坦克底盘，由瑞士的厄利空·康特拉夫斯公司研制，该炮于1971年设计定型，1976年正式装备德国陆军，主要担负装甲部队对空伴随掩护任务，用于攻击低空和超低空飞机，也可对地面目标实施打击。此外，还出口到荷兰、比利时等国。

1965年，按照德国陆军对自行高炮的发展要求，德国莱茵金属有限公司和瑞士厄利空·康特拉夫斯公司开始了研制竞争。莱茵金属有限公司主研30毫米双管自行高射炮，而瑞士厄利空·康特拉夫斯公司主研35毫米双管自行高射炮。

1968年、1969年，瑞士厄利空公司分别提交了A型和B型两门样炮。1970年，通过对上述两个公司的样品进行对比，最终德国决定采用35毫米高炮。经过一系列试验，1973年9月，德国最后决定装备B型自行高射炮，并正式命名为“猎豹”35毫米双管自行高射炮。1975年，该炮完成最后研制工作。

该炮的最大特点就是采用了“豹”1坦克底盘，实现了底盘零件的通用化和系列化，并降低了研制和采购成本。但是坦克和自行高炮毕竟还

是有所不同，为此对原底盘进行了一些改动，包括适当加大车体长度，改进前后装甲，在部分部位采用了间隔装甲等。

“猎豹”自行高炮乘员包括车长、炮长、驾驶员 3 人。发动机最大功率 830 马力。有 4 个前进挡和 2 个倒挡。每侧有 7 个负重轮、4 个托带轮，主动轮在后，诱导轮在前。最大速度 65 千米 / 小时，最大行程 550 千米。

“猎豹”装有 2 门瑞士厄利空公司制造的 KDA 型 35 毫米机关炮，身管长为 3150 毫米，方向射界 360°，高低射界 -10° ～ +85°。可发射燃烧榴弹、曳光燃烧榴弹、穿甲燃烧爆破弹、曳光脱壳穿甲弹等。弹药基数对空 320 发，对地 20 发，每门炮理论射速 550 发 / 分，发射燃烧榴弹时有效射程 4000 米，最大射程 12800 米，单发命中概率 15%，如果命中概率达到 80%，需发射 106 发炮弹。

该炮装备有较为先进的火控系统，主要包括搜索雷达、跟踪雷达、火控计算机、辅助计算机、光学瞄准具、红外跟踪装置、激光测距仪等。其中两部雷达均由西门子公司生产，搜索雷达为全相干脉冲多普勒雷达，天线每分钟可旋转 60 圈，最大搜索距离 15 千米，配有敌我识别装置，并能将捕捉到的敌机信号自动传输给跟踪雷达。跟踪雷达为单脉冲多普勒雷达，作用距离为 15 千米，在炮塔不转动的情况下扫描范围 200 度。供车长和炮长用的周视瞄准镜可跟随跟踪雷达自动转动。火控计算机可在 1 秒钟内计算出速度 15 马赫以下飞行目标的射击提前量。

主要参数			
乘员	3人	管数	2管
战斗全重	47.5吨	高低射界	-10° ~ +85°
车长	7.68米	方向射界	360°
车宽	3.71米	有效射程	4000米
车高	3.29米	有效射高	3000米
最大速度	65千米/小时（公路）、40千米/小时（越野）	理论射速	1100发/分
最大行程	550千米	携弹量	680发
口径	35毫米	系统反应时间	6 ~ 8秒

德国“猎豹”双35毫米自行高炮

（九）意大利“西达姆”25 毫米 4 管自行高射炮

“西达姆”25 毫米 4 管自行高射炮由意大利奥托·梅莱拉公司负责总体设计，伽利略公司、赛来尼亚公司等参与研制。20 世纪 70 年代中期，由于经费问题，意大利放弃了订购德国“猎豹”自行高炮计划，决定自行研制一种高炮，用于野战防空。1979 年，研制工作全面展开；1983 年，生产出两门样炮；1984 年第一季度，意大利陆军对两门样炮进行了全面试验；1985 年 6 月，在巴黎航空博览会上首次展出；1987 年下半年，开始投产；1988 年下半年，首批高炮交付使用。

西达姆 25 毫米 4 管自行高射炮乘员 3 人，战斗全重 12.5 吨，由 4 管 KBA–B02 式 25 毫米机关炮、炮塔、火控系统、M113 式履带车和弹药系统组成，主要用于拦截低空和超低空飞行的飞机和武装直升机，同时，它也可以用来攻击地面轻型装甲目标。

KBA–B02 式 25 毫米机关炮由意大利厄利空公司生产，发射燃烧榴弹、脱壳穿甲弹、曳光燃烧榴弹、穿甲燃烧榴弹、带曳光以及不带曳光的练习弹和曳光穿甲练习弹，炮弹基数 1400 发，其中对空用燃烧榴弹 1320 发、对地用曳光脱壳穿甲弹 80 发，具有单发、15 发点射、25 发点射、连续射击功能，每个点射约 2 秒钟，射速达每分钟 2400 发。

该炮配有意大利伽利略公司生产的晴天候火控系统，主要包括光学潜望瞄准镜、昼夜用电视摄像机、火控计算机、激光测距机、敌我识别装置、稳定装置、车长和炮手控制台、目标报警显示器等。其中，光学瞄准镜在能见度好的情况下，人工跟踪距离6000米、自动跟踪距离5000米；微光电视摄像机在能见度良好或有照明的情况下，人工跟踪距离4000米、自动跟踪2500米；装备的火控计算机可自动快速计算射击诸元，从系统捕捉住目标到火炮开始射击，通常不超过6秒钟。

该炮在设计时认为，飞机通常在能见度较好的情况下对装甲和机械部队实施攻击，小高炮只需要装备光电火控系统而无须配备雷达。因此，该炮的最大缺点就是没有装备搜索雷达，探测范围有限，情报时效性较差。

主要参数			
乘　　员	3 人	高低射界	–5° ～ +87°
战斗全重	12.5 吨	方向射界	360°
车　　长	5.04 米	最大射程	2000 米
车　　宽	2.69 米	有效射程	1500 米
车　　高	1.83 米	有效射高	1000 米
最大速度	68 千米 / 小时	理论射速	4 × 600 发 / 分
最大行程	480 千米	携 弹 量	630 发
口　　径	25 毫米	系统反应时间	6 秒
管　　数	4 管		

意大利“西达姆”25 毫米 4 管自行高射炮

（十）日本87式35毫米自行高炮

87式35毫米自行高炮是日本牵引式35毫米双管高炮的后继防空高炮系统。火炮由日本三菱旗下的多个公司以及日本制钢所共同研制，主要用于装备日本陆上自卫队师属高炮团，用于取代美制M42和M15A1自行高炮。

87式自行高炮于1978年开始研制，试制代号AW–X，全车由火控装置、火炮、炮塔、火炮驱动装置、电源装置、车体6个部分组成。1979年开始火炮射击试验，1981年进行车载炮塔的试验，原型车于1983年完成，1983年底开始进行底盘与炮塔整体试验，1984年春1号车组装完成，1986年研制基本成功，1987年8月21日正式定型，命名为87式自行高炮。

87式自行高炮每连编有4个班，每班配有1门高炮，每门炮造价1140万美元，堪称世界上最昂贵的高炮。从外观上看，该炮与德国“猎豹”自行高炮非常相似，其最大区别是“猎豹”的跟踪雷达位于炮塔的前面，87式自行高炮的搜索宙达和跟踪雷达位于炮塔后面。

综合来看，87式自行高炮的各个方面可与“猎豹”自行高炮相媲美，两者均采用双联装瑞士“厄利空”35毫米双管高射炮，每门炮重670千克，

主要参数			
乘员	3人	最大行程	300千米
战斗全重	44吨	有效射程	4000米
车长	6.7米	有效射高	3000米
车宽	3.2米	最大初速	1175米/秒（对空）
车高	4.1米（4.4米，雷达竖起）	理论射速	2×550发/秒
口径	35毫米	实际射速	2×（20～40）发/秒
管数	双管	携弹量	310发（对空）、20发（对地）
最大速度	53千米/小时		

日本87式35毫米自行高炮

单炮射击速度 550 发 / 分，配有对空高爆燃烧榴弹、高爆曳光燃烧榴弹、半穿甲高爆曳光燃烧弹以及对地曳光硬心穿甲弹，无近炸引信。其中，半穿甲高爆曳光燃烧弹重 550 克，初速 1175 米 / 秒，1000 米距离上穿甲厚度 15 毫米 /60°；高爆曳光燃烧榴弹重 535 克，初速 1175 米 / 秒；对地曳光硬心穿甲弹重 535 克，初速 1385 米 / 秒，在 1000 米距离上可击穿 40 毫米 /60° 厚的地面装甲目标。

87 式自行高炮的火控系统由雷达、收发信机、信号处理机、车姿检测、指示器、信息接收机等各系统组成，每车可单独执行作战任务。其中，搜索雷达采用相干脉冲多普勒体制，天线呈喇叭形，每 2 秒旋转一圈，搜索距离 0.45 ~ 20 千米。跟踪雷达左右方位旋转角度 100°，上下俯仰 +84° ~ −4.5°，跟踪距离 0.5 ~ 20 千米。

该炮最初准备采用当时已经退役的 M61 式坦克底盘，但由于炮塔过重，后来改用 74 式坦克底盘。整车战斗全重 44 吨，车长 6.7 米，车宽 3.2 米，车高 4.1 米（4.4 米，雷达竖起），采用三菱 10ZF22WT210 气冷涡轮增压柴油机，功率 720 马力，共有 6 个前进档、1 个倒档，最大速度 53 千米 / 小时，最大行程 300 千米。

三、高射炮背后的故事

（一）伦敦上空的保护神

1940年6月，德国占领西欧大陆后，把下一个征服的目标对准了英国。英国与法国隔海相望，英吉利海峡把英法大陆隔开，成为英国抵御德国进攻的天然屏障，德国无法从陆上直接进攻英国。

为了减少渡海作战的人员损失，希特勒采纳了空军的意见，决定出动空军轰炸英国，彻底击垮英国人的战斗意志。当时希特勒曾叫嚣：“以空军这把钥匙就足以打开英国防御的大门。”为此，德国集中了3个空军集团军共3500多架飞机，对英国发动“不列颠之战”。

针对德国的作战企图，英国采取了各种防空措施。他们把高射炮重点部署在首都伦敦和德军飞机的必经地区，用以打击和拦截德国飞机，保障伦敦和其他城市的安全。当时英国用于防空作战的高射炮主要有40毫米、94毫米和133毫米高射炮。与第一次世界大战相比，这些高炮的性能有了很大的提高，已经成为对空作战的主要兵器。

40毫米高射炮是英国在第一次世界大战初期制造的一种小口径高射炮，是打击低空目标的主要武器装备。战后，英国对其进行了改进，主要是增长了炮管，增大了弹丸的初速，火炮的性能有了较大的提高，最大射高由原来的4600米提高到5000米，最大射程由原来的7100米提高到9870米，每分钟可发射炮弹150发。

94毫米高射炮是英国第一次世界大战后制造生产的中口径高射炮，与当时美国的90毫米高射炮、苏联的85毫米高射炮和德国的88毫米高射炮相似。该炮体积大，重量大，机动性能较差，主要担负对大、中型目标的掩护任务，最大射高为10790米，最大射程为17700米，每分钟可发射炮弹25发。

133毫米高射炮是英国制造生产的一种大口径高射炮，迄今也是世界上口径最大的高射炮之一，可谓是高射炮中的“大哥大”。该炮体积大，重量大，机动不便，

一般用于对大城市、大型重要目标的防空掩护。该炮威力首屈一指，它使用的杀伤爆破弹重达36.25千克，每分钟可发射7～10发，最大射高为17380米，最大射程可达24600千米，最适合打击和拦截高空目标。

英军的这三种高炮性能不同、功效不一，各有其长又各有其短。小口径高射炮动作敏捷、射速快，可有效对付低空飞机，但打击高空目标就显得力不从心。大口径高射炮虽然打得高、打得远，但身材“臃肿”，行动不便，发射炮弹速度慢，与低空飞机作战明显不是它的强项。

为此，英国人将他们进行了合理搭配组合。明确小口径高射炮对付4000米以下的目标，中口径高射炮打4000至8000米的目标，大口径高射炮打8000米以上的目标。这样，不管德国飞机是从高空来，还是从低空来，都难于逃脱英国人设置的层层对空火网。

1940年8月12日，德国出动数百架飞机对英国的空军基地进行了突然袭击，拉开了“不列颠之战”的帷幕。至8月23日，德空军集中绝大多数力量对英空军作战，前后共发动了5次大规模轰炸行动。英军空军和高射炮兵对德空军进行了顽强抗击，共击落德军飞机367架。当然英军也损失飞机235架，12个空军基地、6个雷达站、7个飞机制造厂等目标受到不同程度的破坏。

8月24日至9月6日，德空军改变了战术，每天出动上千架次飞机，专门轰炸英国空军基地。英国有5个机场遭到严重破坏，损失飞机277架，飞行员大量伤亡，指挥系统陷入瘫痪。此时，英国空军飞机储备数量不到200架，飞行员严重缺乏。希特勒又改变了战略，决定由直接消灭英国空军转而集中轰炸伦敦，迫使英国投降。

9月7日，德国飞机开始大规模轰炸伦敦。由于英国空军损失惨重，此时保卫伦敦上空安全的担子一下子就压在高射炮兵的身上。为了保障伦敦的安全，英国一方面重新调整了防空部署，另一方面把保卫伦敦的高射炮数量增加了一倍。除了在伦敦周围构建两道防空阵地外，英国人还在市区里划分了若干高炮射击拦阻区，形成了远近结合、高中低结合的防空火力网。

德军飞机来袭时，数万门高炮分区域，层层拦截，许多飞机还没到伦敦时就被击中起火。突破外围的一部分德军飞机刚一到伦敦上空，再次遭到高射炮射击，许多飞机无法准确瞄准轰炸，一些飞机被打了下来，还有一些飞机为了躲避高射炮打击干脆提前投弹，尔后转身逃跑。不到一个月的时间里，在英国高射炮的猛烈打击下，德军共有283架飞机被击落，平均每天10架，损失惨重。

一看白天轰炸效果不好，而且损失很大，德国空军开始转入夜间轰炸为主。由于当时高炮夜间作战需要借助探照灯才能发现和瞄准目标，这样一来，英国高射炮击落、击伤敌机的数量大幅度下降了。为了解决这个问题，英国科学家很快研制了新的东西，那就是被称为“高炮的眼睛”的炮瞄雷达。

1944年6月13日，德国从法国境内发射“秘密武器”V-1导弹（火箭弹）袭击伦敦。由于这种“秘密武器”比飞机体积小，飞行速度快，不易被发现和击落，在最初的5天时间里，大部分导弹击中了伦敦市区，被英军空军和高射炮击落的只占40%。

为了有效抗击德国火箭弹的袭击，英国再次调整了防空部署，将800门高射炮从伦敦近郊调到海岸附近，在海岸边建立了高炮火力拦截区。这一招十分有效，飞进伦敦市区的导弹数量明显减少，整个8月上旬仅有1/7的导弹落到了伦敦市区。

（二）撕不开的莫斯科防空网

1941年6月22日，德国撕毁了苏德互不侵犯条约，未经宣战就向苏联发动了全线进攻。苏军大多数飞机还没有来得及起飞就被击毁在机场上，前线部队的建制完全被打乱，方面军找不到军、军找不到师、师找不到团，短短的数周时间里，苏联整个西线差不多全部落在了德国人的手中。此时，德军将轰炸重点逐渐转到了莫斯科。

莫斯科是苏联的政治、经济中心和交通枢纽，是苏联卫国战争的指挥中心，具

有重要的战略地位。为了确保莫斯科免遭德军飞机的袭击，苏德战争爆发后，莫斯科防空部队立即加强了多方面防空作战准备。

为了统一指挥莫斯科防空作战，苏军成立了莫斯科防空区，并大量扩充防空部队。莫斯科战役前，莫斯科的防空兵力增加到19个歼击航空兵团、9个高炮团、2个探照灯团、2个拦阻气球团、2个对空情报团，共有歼击机602架、高射炮1044门、高射机枪336挺、拦阻气球哨724个、对空情报哨612个、探照灯618部。

苏军在莫斯科周围由远至近地设置了三道对空防线（歼击机、高射炮、拦阻气球），并将防空兵力和兵器重点部署在莫斯科的西面和西南方向，纵深达250千米。歼击机航空兵负责在距莫斯科150～200千米距离上拦截敌机；高射炮部署在距市中心32千米的地带上，以莫斯科以西和西南方向为重点，构成最大密度的对空火网；拦阻气球部队部署在距市中心半径为5～6千米范围内，并在西面和西南郊设置纵深为2～4千米的气球拦阻带；探照灯部队在市周围建立密集环形探照灯照射区，其中第一线探照灯距市中心约70千米。

这时，苏军的防空兵器已经有了较大发展，新式的85毫米高射炮取代了老式的76毫米高射炮。85毫米口径高射炮是苏联1939年研制成功的中口径高射炮，具有射程远、威力大、精度高等特点，适合射击中、高空目标，通常担负大、中型目标的掩护任务。此外，苏联还成功地研制出了新式高射炮指挥仪。新式Ⅲ型高炮指挥仪由测距机、机械模拟计算机和传输设备组成，与高炮随动装置共同构成了高射炮火控系统。新型高炮指挥仪的研制成功及广泛应用，大大提高了苏军高炮的命中精度。

为了有效打击低空目标，苏军还装备了25毫米和37毫米自动高射炮。25毫米高炮是苏联1940年研制成功的小口径高射炮。该炮全重1230千克，由牵引车牵引机动时，机动速度60千米/小时，具有体积小、重量轻、操作简便灵活、射速快、火力猛等特点，最大射高2000米，最大射程6000米，配备杀伤燃烧弹，弹重0.288千克，每分钟可连续发射炮弹70发。

37 毫米高射炮是苏联 1939 年研制成功的小口径高射炮。该炮全重 2100 千克，具有操作方便、火力猛、射速快等特点，最大射程 8500 米，最大射高 3000 米，配有穿甲弹，弹重 0.785 千克。该炮对地面装甲目标射击时，直射距离 900 米，在 500 米距离上穿甲厚度 40 毫米，在 1000 米距离上穿甲厚度 31 毫米。

1941 年 7 月 21 日夜，德军出动 250 架轰炸机对莫斯科进行了第一次轰炸。当德军轰炸机以 2000 米的高度飞经苏军高射炮阵地上空时，一道道探照灯直射苍穹，天空仿佛白昼一般，在探照灯光束的指引下，早已严阵以待的高射炮向德军飞机发射出一排排猛烈的炮弹，一串串闪光的炮弹交错着飞向天空。在苏联高炮的猛烈打击下，有的德军飞机在空中直接爆炸，有的冒着黑烟滚了下去，更多的飞机则是见势不妙仓皇丢下炸弹逃之夭夭。在这一天的作战中，德军共有 22 架飞机被击落，仅有几架飞机进入莫斯科上空，第一次空袭宣告失败。

首次空袭没能得手后，7 月 23 日夜，德军在对莫斯科第二次袭击时改变了战术。德军把飞行高度拉到 7000 米，采取小编队的方式，每次间隔 10 ~ 15 分钟，从多个方向来袭。然而，这次德军的图谋仍然没有得逞，他们遇到了苏军大、中型口径高射炮的猛烈拦击，在损失数十架飞机之后，不得不再次撤退。

8 月中旬，德军战术又发生了改变，除了采取密集突袭以后，还采取小编队袭击，以及单机一次接一次的骚扰式袭击。德军的这种战术给苏军高炮部队带来了较大困难，由于高炮必须对每一架飞机射击，战斗持续时间很长，炮管容易过热甚至变红，战士们有时来不及更换炮管，干脆把浇了水的棉衣裹在炮管上降温，继续坚持战斗。8 月份，德机轰炸莫斯科的总架次不断增加，100 架以上飞机的大规模空袭和小机群空袭交替进行，但大部分来袭德机遭苏军高射炮的射击，未能进入莫斯科上空。

9 月份，德军向莫斯科发动新的进攻准备期间，德机经常对莫斯科进行骚扰性空袭，但均被苏军驱逐。10 月份，德军对莫斯科进行了 31 次空袭，出动飞机约 2000 架次，在苏军高射炮和战斗机的共同抗击下，只有 62 架窜入莫斯科上空。11 月份，德机继续对莫斯科进行昼夜不停的空袭，出动飞机 1900 架次以上，但仅有

28 架德机飞到了莫斯科市区上空。12 月初，苏军地面部队转入反攻，德机对莫斯科的空袭急剧减少。1942 年 1 月，德机曾以小编队机群对莫斯科进行了数次空袭，但均被高射炮和战斗机击退。至此，德军空袭莫斯科的计划宣告失败。

第六章　坦克

一、坦克概述

坦克是陆上作战的主要武器，是装甲兵的基本装备，素有“陆战之王”的美称，英文名称Tank，原意是“水柜”的意思。坦克集猛烈的火力、高度的机动性和良好的防护力于一身，是矛与盾二者的高效结合体，主要用于攻击敌方坦克或其他装甲车辆，也可以用来压制、消灭反坦克武器、摧毁敌方工事、杀伤敌方有生力量。作为陆战力量的主要代表，坦克从其诞生之日起便成为了世界各国竞相发展的主要兵器。

（一）坦克的历史

其实坦克和农用拖拉机非常相像。1904 年，实用型履带式农用拖拉机问世，主要用作农业生产。1914 年，第一次世界大战爆发后，英国人斯温顿提出设想，如果在履带式拖拉机上装上火炮或者机枪，那作战效果肯定大不一样。于是，1914 年 10 月，他向英国陆军提出了建造上述武器的建议，但是并没有引起英国陆军的关注。

然而，斯温顿的想法得到了当时海军大臣丘吉尔的重视。丘吉尔下令组建“陆地战舰委员会”，并由他本人亲自领导“陆地战舰”的研制工作。1915 年 9 月 6 日，第一辆样车“小游民”生产了出来，并在首次试验中取得了成功。“小游民”全重 18.289 吨，发动机功率 105 马力，装甲厚度为 6 毫米，配有 1 挺 7.7 毫米“马克沁”机枪和数挺 7.7 毫米“刘易斯”机枪，最大时速 3.2 千米，越壕 1.2 米，可通过 0.3 米高的障碍物。

但是，英国军方对“小游民”的越壕能力和通过性能并不十分满意。随后不久，另外一种坦克“大游民”便于 1916 年初造了出来。“大游民”也称“威尔逊”“母亲号”或马克 1 型。这种新式武器分为雌雄两种，“雄性”装有 2 门口径 57 毫米火炮和 4 挺机枪，“雌性”仅装有 5 挺机枪，都可以越过宽 2.44 米的堑壕，通过垂直高 1.37 米的障碍物，均达到了英国军方的要求。为了保密起见，丘吉尔便用 Tank（水柜的意思）来命名

这种武器。所以我们今天所说的坦克，其实就是 Tank 的音译。

1916 年 9 月，马克 1 型坦克秘密开到了索姆河前线，由于从来没有见过这种突如其来的怪物，德军士兵一时间惊慌失措，甚至有一辆坦克在没开一枪一炮的情况下就占领了一个村庄，而另一辆坦克居然还俘虏了 300 多名德军官兵，首次作战便显示出了巨大的威力。1917 年 11 月 20 日，英军在康布雷战役中又出动了 324 辆坦克对德军发起了猛烈攻击。

坦克在战场上的出色表现引起了世界上许多国家的高度重视，除了英国以外，法国、德国、美国等国家也加紧了坦克的研制工作，第一次

世界上第一辆坦克英国“小游民”

世界大战结束到第二次世界大战爆发之前，各种新型坦克陆续加入到了各国陆军行列之中。

第二次世界大战期间，为了适应大规模机械化战争的需要，世界各国竞相研制各种新型坦克，并在坦克底盘的基础上研制了自行火炮、坦克歼击车等主战兵器。如比较典型的就有德国的四号坦克、苏联的T-34坦克、美国的“潘兴”坦克等。

二战结束后至20世纪50年代，苏、美、英、法等国借鉴第二次世界大战坦克作战的经验，又设计制造了许多新一代坦克。如苏联的T-54坦克、英国的“百人队长”坦克等。

20世纪60年代，随着科学技术的发展，坦克的火力、机动能力和综合防护能力有了很大的提高，主战坦克应运而生。比较有代表性的坦克就有苏联的T-62坦克、美国M60坦克等。

70年代特别是80年代以来，坦克技术尤其是发动机技术日益成熟，电子技术发展迅猛，坦克的功率大幅提高，机动速度越来越快；信息化程度越来越高，火控系统越来越先进。比较典型的有美国的M1A2、德国的豹2A6、英国的挑战者2型、俄罗斯的T90、日本的90式等。

二战时期的德国四号坦克

印度阿琼坦克

（二）坦克的分类

1. 按吨位分，坦克主要包括小型坦克、轻型坦克、中型坦克、重型坦克和超重型坦克。

（1）小型坦克，重量在 10 吨以下，在外观上和一般战车非常接近，但是体型与轿车相似，由 1~2 人操作，通常以机枪或小口径炮作为主要武器，在 1940 年代以前常被用于支援步兵或者是担任侦察任务。

（2）轻型坦克，重量为 10 ~ 20 吨，火炮口径 57 ~ 85 毫米，主要用于战场警戒、目标侦察或其他特殊任务。主要代表有 PT–76 坦克、AMX–13 坦克等。

（3）中型坦克，重量为 20 ~ 40 吨，火炮口径 105 毫米，主要用途是执行反坦克作战以及摧毁敌人工事和压制对方有生力量等任务，是装甲部队的主力。主要有美国的 M4 谢尔曼、苏联的 T–34、德国的四号坦克等。

（4）重型坦克，重量为 40 ~ 70 吨，火炮口径 122 毫米，主要用途是支援中型坦克的战斗。主要代表有德国的虎式坦克等。

（5）超重型坦克，重量在 70 吨以上。超重型坦克是在军备竞赛中设计或制造的产物，虽然一些超重型坦克被制造出来，但机动性较差，往往并不实用。如美国二战时期设计的 T-28 坦克，重达 86 吨，总共只生产了 5 辆。

苏联坦克元老 T-18 小型坦克

2. 按时代分，主要包括第一代、第二代、第三代和第四代坦克。

（1）第一代坦克。第一次世界大战到第二次世界大战中期。早期坦克结构形式多样，有固定的顶置炮塔或侧置炮座，也有旋转式炮塔或无炮塔结构，装有 37 ~ 75 毫米口径的短身管、低初速火炮和数挺机枪，或仅装机枪。

（2）第二代坦克。二战中期到 60 年代的主流坦克。备有核生化防护装置、红外线夜战设备、稳定控制的主炮和机械化的火控系统。

苏制 T-72 坦克

（3）第三代坦克。20世纪60年代至90年代研制的坦克。主要使用热像仪、数字火控系统和特制（复合）装甲。

（4）第四代坦克。目前尚处于研制阶段的坦克，车身结构可能会发生一些重大变化，也可能会装备一些新式武器，如电磁炮和电化学炮等，以及更为先进的信息化系统等。如日本就将其10式坦克称为“第四代坦克”。

3. 按功能分，坦克主要包括主战坦克、侦察坦克、特种坦克等。

（1）主战坦克，是一种在战斗中担负主要作战任务的战斗坦克，它集以往的中型坦克和重型坦克的任务于一身，是现代装甲部队的基本装备和地面作战的主要突击兵器，同时也是最主要的反坦克武器之一。

（2）侦察坦克，是在战场上主要担负侦察任务的坦克，这种坦克重量较轻，机动较为灵活，便于在崎岖复杂的地形上机动，传统意义的轻型坦克和小型坦克都可视为其中的一个部分。比较典型的有中国的62式轻型坦克，英国的“蝎式”侦察坦克等。

（3）特种坦克，是设计思想及战场定位有特别功能的坦克，主要包括水陆两栖坦克、架桥坦克、扫雷坦克、喷火坦克等。

德国豹式坦克扫雷车

（三）坦克的结构

坦克是一个比较复杂的武器系统，按照构造划分，坦克主要由武器系统、推进系统、防护系统、通信设备和电气设备等组成。此外，还包括随车工具、备品和附件等。按照坦克主要部件的安装部位划分，坦克主要包括操纵部分、战斗部分、发动机部分、传动部分和行动部分等。

其中，武器系统主要包括坦克炮、并列机枪、航向机枪、高射机枪，以及数字式火控计算机、传感器、炮长和车长瞄准镜、激光测距仪、微光夜视仪、热像仪、火炮双向稳定器和瞄准稳定装置、车长和炮长控制装置等火控系统；推进系统主要包括发动机、传动装置、进排气百叶窗等；坦克防护系统主要包括车体及炮塔防护装甲、三防装置、灭火抑爆装置、烟幕发射装置等；通信设备主要包括 GPS 定位导航系统、无线电台、车内通话器等；电气设备主要包括起动－发电两用电机。

1. 观瞄设备
2. 主炮护板
3. 并列机枪
4. 炮膛清除器
5. 主炮
6. 驾驶员潜望镜
7. 驾驶员舱盖
8. 倾斜式装甲板
9. 履带
10. 机枪弹药
11. 车长机枪
12. 炮塔舱盖
13. 炮塔
14. 炮塔环
15. 车体
16. 发动机吸气口
17. 发动机
18. 履带侧裙
19. 主动轮
20. 履带连结扣
21. 负重轮

坦克的基本结构示意图

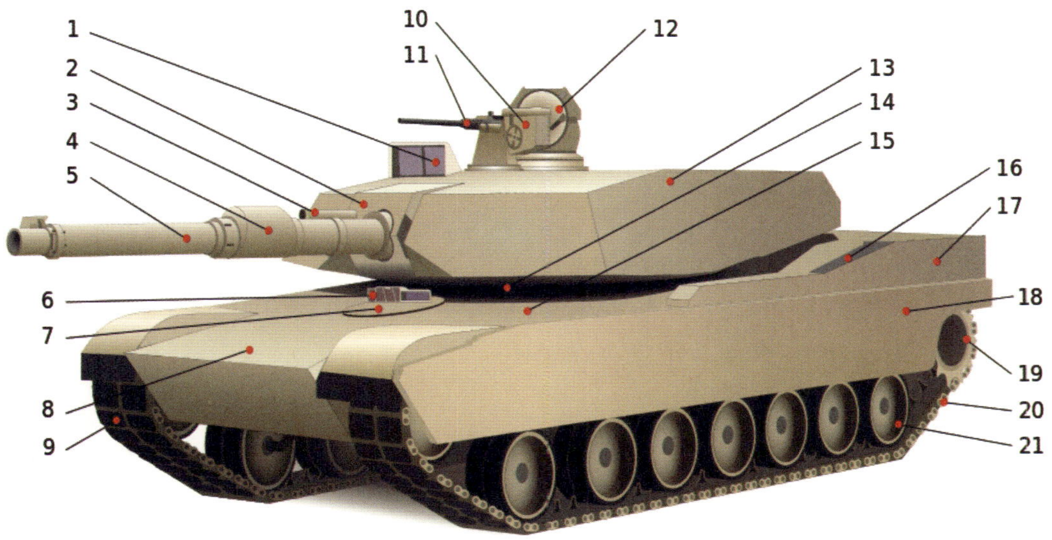

（四）坦克的特点

一是具有强大的火力。目前，世界各国主战坦克均装有口径 105 ~ 125 毫米的主炮，以及 1 挺并列机枪、1 挺航向机枪和 1 挺高射机枪，火炮有效射程均在 2000 米以上，有些火炮直射距离可达 5000 米，并且还可以发射炮射导弹，具有极强的破甲能力。

二是具有强大的防护力。坦克不仅装甲厚，而且还加装有各种复合装甲，外挂反应式装甲，有些复合装甲里面加有金属射流不易穿过的陶瓷，并配有多具烟幕发射装置，有些坦克车内还装有自动抑爆装置，可在瞬间扑灭车内的火源。

三是具有快速的机动能力和较强的越野能力。目前，各国主战坦克的发动机功率均超过了 1000 马力，有些甚至达到了 1500 马力，最大时速均在 50 千米以上，有些甚至超过了 70 千米 / 小时，可以通过 30 度的侧坡，越过 2.5 米以上宽的壕沟，可以通过垂直 1 米以上高度的障碍物，并可以进行泛水或潜水机动。

但是，坦克也有一些不足，主要是红外特征较为明显，驾驶、观察、射击具有一定的死角，对道路条件依赖较大。

加装有防护裙板的英国挑战者坦克

处于射击状态的以色列梅卡瓦坦克

德国豹 2A4 潜渡

（五）坦克的未来

随着科学技术特别是计算机技术、通信技术、机电技术、隐身技术和新材料技术的广泛运用，坦克将朝着数字化、轻型化和高技术化的方向不断发展。

一是数字化。为了提高坦克的快速反应能力，提高坦克内部和坦克之间的信息流通速度，各国均加大了对坦克的数字化改造和研制力度。从目前情况看，像美国的M1A2坦克、英国的“挑战者”2坦克、法国的“勒克莱尔”坦克、德国的豹2A6坦克、俄罗斯的T-90坦克等已经具备了较强的数字化能力。

二是轻型化。当前，主战坦克重量过大、体型过于肥胖，战场通行能力受到较大的制约，特别是有些坦克根本无法通过许多桥梁，行动较为笨拙，不便于实施空降快速部署，为此，许多国家均制定有坦克的“减肥”的措施，发展轻型、小型甚至是微型无人驾驶坦克。

三是新材料化。广泛采用新材料，发展新型坦克发动机、研发新型复合装甲、隐身喷涂材料、炮弹穿甲材料是坦克发展的一个重要趋势，而且有些新材料已经用于当前的坦克身上。

二、陆战经典坦克

（一）苏联 T-34 坦克

T-34 坦克由苏联工程师科什金设计，由哈尔科夫共产国际工厂生产，具有火力猛、油箱容积大、燃油利用率高、动力强劲、行驶距离远、越野能力强等诸多优点，主要有 T-34/76、T-34/85 两个系列，总产量约 8 万辆，是二战期间苏军的主力坦克，也是第二次世界大战期间最著名的坦克之一。

1940 年 1 月底，第一批 T-34 坦克驶出工厂生产线；1940 年 2 月，对 T-34 坦克进行了各项性能试验；1940 年 6 月，生产图纸最后修改完毕，开始批量生产，命名为 T-34/76Model 1940 型（T-34/76A）坦克，同年开始装备部队。

T-34/76 型坦克重 26.5 吨，炮塔正面装甲厚 90 毫米、侧面厚 75 毫米、车体上下部厚 45 毫米、顶部厚 18 ~ 22 毫米、后部厚 47 毫米，装备有 1 门 76.2 毫米加农炮，可携带穿甲弹、高爆弹、破甲弹 61 发，作战能力十分强悍。使用普通穿甲弹时，可

主要参数			
乘　　员	4 人（T-34/76） 5 人（T-34-85）	最大行程	300 千米（公路） 298 千米（越野）
战斗全重	26 吨（1940 年 型） 26.5 吨（1941 年型） 28.5（1942 年型） 30.9 吨（1943 年型）	越 壕 宽	2.5 米
车　　长	6.68 米	越障高度	0.73 米
车　　宽	3 米	爬坡性能	31°
车　　高	2.45 米	功　　率	500 马力
离地距离	0.4 米	主要武器	76.2 毫米主炮 1 门（备弹 61 发），7.62 毫米机枪 2 挺
最大速度	53 千米 / 小时	直射距离	1000 米

苏联 T-34/76 坦克

在 500 米距离上穿透 69 毫米均质钢板、1000 米距离上穿透 61 毫米钢板，当时德国的三号、四号坦克根本不是它的对手，纷纷败在 T-34 坦克猛烈的火力之下。

T-34 坦克装备一台功率为 500 马力的柴油发动机，油箱容量 460 升，另外车身两边还各有 1 个容量为 39 升的副油箱，公路最高时速可达 53 千米，最大行程可达 400 千米，而德国的四号坦克行驶距离仅为 160 千米，虎式坦克只有 195 千米。T-34 坦克履带宽约 50 厘米，越壕宽 2.5 米，在 1 米深的雪地里行动自如。

T-34/76 坦克共有 A、B、C 三个型号。T-34 坦克在战场上出现后，德国被迫开始研制新型的“虎”式坦克用来替换三、四号坦克。鉴于早期的 T-34 坦克又斗不过“虎”式坦克，苏联人把 T-34 坦克的 76 毫米主炮换成了 85 毫米主炮，并于 1943 年下半年投产，命名为 T-34/85。T-34/85 重 32 吨，乘员增加为 5 人，公路最大速度 55 千米 / 小时，公路最大行程 300 千米，越野最大行程 250 千米，炮弹基数 56 发。T-34 坦克的生产一直持续到上个世纪 50 年代末期，直到 T-54 问世后才停止生产。

（二）德国“虎”式坦克

苏联 T-34 坦克的出现，终结了德国三号、四号坦克在战场上的统治地位，此时，德国人迫切需要一种新型坦克将 T-34 坦克挑下马去，并要求新型坦克必须在希特勒 1942 年 4 月 20 日的生日上亮相。经过近一年时间的努力，1942 年 4 月 20 日，由保时捷和亨舍尔分别设计的两辆虎式坦克原型车终于出现在了希特勒的面前。

1942年7月，经过一系列测试后，由于保时捷的样车经常抛锚被淘汰出局，而由亨舍尔设计的样车最终胜出，定型为VK4501（H），命名为“虎”式坦克，并于 1942 年 8 月开始批量生产。“虎”式坦克是第二次世界大战中德军装备的一种重型坦克，共有“虎”1、“虎”2 两个系列，其中“虎”1 有 E 型和 H 型两种型号。

“虎”1 坦克重 54 吨，车长 8.45 米（炮向前）、6.316 米（炮向后），车宽 3.56 米，车高 3 米，离地间隙 0.47 米。炮塔正面装甲厚 135 毫米、炮塔侧面厚 102 毫米、上部车体正面厚 100 毫米、车体侧面厚 60 毫米、车体后面厚 80 毫米，最初设计时曾考虑装备 1 门 75 毫米主炮，但是由于德军 88 毫米高炮在北非战场上表现非凡，数次重创英军坦克，后来就将 88 毫米高炮移植到虎式坦克上来。

装备 88 毫米主炮后，“虎”式坦克的战场杀伤力极强，成为了德军对抗盟军和苏联红军的利器，苏联 T–34/76 坦克的优势不复存在，德国人常常以独立的“虎”式坦克营来对抗苏联的坦克旅，甚至坦克军。在著名的库尔斯克战役中，苏军的 T–34/76 坦克暴露出了明显的劣势；在诺曼底登陆战役中，盟军数千辆坦克败于“虎”式坦克 88 毫米主炮之下。

1942 年 9 月，“虎”1 坦克作为装甲部队的领头羊，首次投入作战，并带领其他坦克发动了对列宁格勒（今圣彼德堡）的围攻。由于设计复杂、成本昂贵和生产工时较长，从 1942 年 8 月至 1944 年 8 月，“虎”1 坦克仅生产了约 1347 辆。

1943 年 12 月，德国推出了“虎”王坦克，

主要参数（“虎”1）			
乘员	5 人	最大行程	195 千米
战斗全重	54 吨	越壕宽	2.3 米
车长	8.45 米（炮向前）、6.316 米（车身）	越障高度	0.79 米
车宽	3.56 米	爬坡性能	35°
车高	3 米	功率	700 马力
离地距离	0.47 米	主要武器	88 毫米主炮 1 门，7.62 毫米 MG34 机枪 2 挺
最大速度	45.4 千米 / 小时（公路）、20~25 千米 / 小时（越野）	直射距离	1500 米

也称“虎”2 重型坦克。“虎”2 坦克重 68.5 吨，车全长 7.38 米（10.286 米，炮塔向前），车宽 3.755 米，车高 3.09 米，最大高地间隙 0.51 米，装甲厚 25 ~ 185 毫米，发动机功率 690 马力，最大速度 41.5 千米 / 小时，最大行程 170 千米。装有 1 门 88 毫米主炮和 2 挺 7.92 毫米机枪，炮弹基数 86 发。不过，直到 1945 年 3 月，一共仅生产了 489 辆。

德国“虎”式重型坦克

（三）美国M26“潘兴”坦克

二战初期，美军主要装备有M3“格兰特”和M4“谢尔曼”坦克，但在战场上根本不是德国“黑豹”式坦克的对手。为此，美国人常常不得不以M4“谢尔曼”中型坦克数量上的优势来弥补质量上的不足。

为了弥补技术上的劣势，1942年，美国研制出T1E2重型坦克，后来又在该坦克的基础上研制了M6重型坦克。虽然M6型坦克性能优于德国的“黑豹”坦克，但仍然斗不过德国的“虎”式重型坦克。为此，美国又开始进行了T25和T26坦克的研制工作，均采用90毫米主炮。其中，T26得到了优先发展，共有T26E1、T26E2和T26E3三种试验型号。1945年1月，T26E3正式定型生产，并以美国名将“铁锤”约翰·约瑟夫·潘兴将军的名字命名，称为M26“潘兴”重型坦克，后改称为中型坦克。

主要参数			
乘　　员	5人	最大行程	160千米
战斗全重	41.7吨	越壕宽	2.44米
车　　长	8.65米（炮向前）、6.33米（车身）	越障高度	1.17米
车　　宽	3.51米	爬坡性能	31°
车　　高	2.78米	功　　率	500马力
最大速度	40千米/小时（公路）、8.45千米/小时（越野）	主要武器	90毫米主炮1门，7.62毫米并列机枪1挺，7.62毫米航向机枪1挺，12.7毫米高射机枪1挺

美国M26“潘兴”坦克

M26“潘兴”坦克重 41.7 吨，炮塔正面厚 102 毫米、车体前上装甲板厚 102 毫米、前下装甲板厚 76 毫米、侧装甲板前部厚 76 毫米、后部厚 51 毫米，配有射击瞄准镜，装有火炮稳定器，炮塔旋转快，反应时间短，射击精度高。该坦克采用汽油发动机，功率达 500 马力，公路速度 40 千米 / 小时，公路行程 160 千米。

该坦克配有曳光被帽穿甲弹、曳光高速穿甲弹、曳光穿甲弹和曳光榴弹，弹药基数 70 发。其中，被帽穿甲弹弹丸重 11 千克，在 914 米距离上的穿甲厚度为 122 毫米，在 1829 米距离上的穿甲厚度为 106 毫米；高速穿甲弹弹丸重 7.6 千克，在相同距离上的穿甲厚度分别为 199 毫米和 156 毫米。

该坦克自投放战场以来，有效地遏制了德国“虎”式坦克的霸主地位。由于临近战争结束时才生产出来，只有美军第 3 和第 9 装甲师装备了这种坦克，因此，在二战中并没有发挥太大的作用。二战结束后，美军将 M26 坦克主炮换为滑膛炮，命名为 M26A1。朝鲜战争爆发后，该型坦克被大量派往朝鲜战场，成为掩护美军步兵地面作战的主要支援武器。作为美军的标准中型坦克之一，该型坦克共生产 2428 辆。

（四）德国“豹”2主战坦克

“豹”2坦克研制于20世纪70年代，是联邦德国陆军的主战坦克。该坦克战斗全重超过55吨，车体和炮塔采用间隙式复合装甲，配有集体式三防装置和自动灭火装置，主炮为1门120毫米滑膛炮，火炮采用双向稳定技术，装有数字式计算机、激光测距、热成像夜瞄等装置，发动机功率1500马力，最大速度72千米/小时，最大行程550千米，共有A1～A6等多个型号，被公认是世界上是性能最优秀和均衡的主战坦克之一。

“豹”2坦克源于上个世纪60年代末期的MBT-70坦克计划。1970年，当德国和美国联合研制MBT-70坦克的计划告吹后，德国便决定研制“豹”2坦克。其实，当1969年MBT-70坦克还处于样车研制阶段时，德国的克劳斯·玛菲公司已经利用MBT-70坦克部件制造出了2辆一种名为牡野猪（Eber）的试验坦克。

当德国定下决心研制“豹”2坦克后，克劳斯·玛菲公司迅速在MBT-70坦克的基础上开始了研制、试制工作。起初，样车主炮有105毫米线膛炮和120毫米滑膛炮两种。为了验证火炮性能，德国分别对上述两种火炮和火控系统进行了长达15153小时的试验，共发射105毫米炮弹3742发，发射120毫米炮弹1667发。

主要参数			
乘　　员	4人	越壕宽	3米
战斗全重	62.3吨	越障高度	1.1米
车　　长	9.97米（炮向前）	爬坡性能	30°
车　　宽	3.75米	功　　率	1500马力
车　　高	3米	主要武器	120毫米主炮1门，7.62毫米机枪2挺，发烟装置16具
最大速度	72千米/小时（公路）、55千米/小时（越野）		
最大行程	550千米	直射距离	5000米

德国“豹”2A6主战坦克

1977年，德国决定采购1800辆“豹”2坦克装备陆军。其中，将990辆的定单交由克劳斯·玛菲公司生产，其余810辆交给了克虏伯·马克公司。1978年年底，第一辆预生产型“豹”2坦克交付德军用于训练。1979年10月，第一辆生产型“豹”2坦克正式装备德军。至1982年年底，克劳斯·玛菲公司的年产量达到了300辆。

作为一种性能非常优秀的坦克，“豹”2坦克的炮塔两侧后部各装1组8具烟幕发射器，配有尾翼稳定脱壳穿甲弹和多用途破甲弹，弹药基数42发，采用与美国M1A1坦克通用弹药，成为了上个世纪主流坦克的杰出代表。截止到20世纪末，该坦克共生产约3100辆，除装备德军以外，还大量出口至荷兰、瑞士、瑞典、西班牙、丹麦、挪威、奥地利、波兰、土耳其、新加坡等国家，享有“欧洲豹”的美称。

（五）美国M1主战坦克

M1系列坦克是目前美国陆军和海军陆战队的主要武器装备。该坦克源于20世纪70年代的美国和德国合作的“MBT-70”计划，该系列坦克主要有M1、M1改进型、M1A1和M1A2等型号，由美国通用动力公司地面系统分部制造，1978年第一辆M1坦克制造完毕，第一辆M1A1和M1A2分别于1985和1986年出厂。

1973年6月，MBT-70合作计划失败后，美国陆军正式启动了新型坦克研制计划，项目编号为XM1，为纪念二战期间的小克赖顿·威廉斯·艾布拉姆斯（Creighton Williams Abrams, Jr.）将军，后来将该坦克命名为M1“艾布拉姆”（Abrams）。

M1是该系列坦克的基本型，战斗全重54.5吨，成员4人，装备1门105毫米主炮，1981年装备美国陆军，共生产2374辆。该坦克采用陶瓷复合装甲，具有极强的抗毁伤能力，配有弹道计算机、炮长热成像系统、激光测距仪、横风传感器和炮口校正传感器，火控系统表现优良，虽然装备的是1门105毫米口径主炮，但仍可在2000米的距离击穿420毫米厚度的均质装甲。

1985年8月，全新升级的M1A1坦克全面投产，1986年7月，该坦

克正式装备美军。该坦克战斗全重57吨，乘员4人，换装1门120毫米滑膛炮，作战反应时间6.2秒，有效射程3000米，配有M829A1式尾翼稳定贫铀合金弹芯脱壳穿甲弹，弹药基数由原来的57发减为40发，1994年替换为M829A2，在1000米距离上可击穿780毫米厚均质钢装甲，3000米距离的厚度约750毫米。最大行程可达465千米，加装有集体三防装置，1988年以后生产的M1A1坦克还加装有贫铀装甲。

1988年，M1A1坦克的升级工作全面展开。升级后的坦克命名为M1A2。1992年，第一辆M1A2出厂，1993年开始装备部队。经过升级后，M1A2炮塔周围加装有贫铀防护装甲，整体防护能力更佳。弹药采取分舱存放，并装有自动灭火装置，该装置可在0.02秒内发现火情，0.06秒内将火熄灭，乘员的生存能力大为提高。车内装有GPS定位系统和导航系统，单独为车长配有稳定式热成像仪，发现目标、捕捉目标能力大为增强。

主要参数（M1A2）			
乘员	4人	最大行程	426千米
战斗全重	61.7吨	越壕宽	2.743米
车长	9.77米（炮向前）	越障高度	1.066米
车宽	3.66米	功率	1500马力
车高	2.44米	主要武器	120毫米主炮1门，7.62毫米机枪2挺，12.7毫米机枪1挺
离地距离	0.43米		
最大速度	67千米/小时（公路）、40千米/小时（越野）	直射距离	3000米

美国M1A2“艾布拉姆斯”主战坦克

（六）以色列“梅卡瓦”主战坦克

“梅卡瓦”是希伯来语，是“战车”的意思。“梅卡瓦”主战坦克是以色列国防军目前的主战坦克之一，由号称“以色列坦克之父”的塔尔少校设计，由以色列军事工业公司生产，共有 MK1 ~ MK4 四个型号。

1970 年 8 月，以色列决定自主研制国内第一种主战坦克，取名为“梅卡瓦”（Merkava）。该坦克与世界上其他主流坦克有很大的差异，其坦克动力－传动舱位于前左，驾驶室位于前右，中部为战斗室，后部为车厢。宽大的车厢既可以装弹药，也可以搭载 8 名全副武装的士兵，或者 4 副担架，车体后面的主后门分为上下两扇，可以上下对开，主要用于装卸弹药、乘员上下车和运送伤员。所以，从某种意义上讲，“梅卡瓦”不仅是一辆坦克，还是一辆装甲运兵车和伤员运输车。

1978 年，MK1 型开始装备以色列国防军。该型坦克共生产 250 辆，战斗全重 53 吨，是当时世界上最重的坦克。车上配有激光测距仪和弹道计算机，装有 1 门 105 毫米主炮，配有 92 发 105 毫米炮弹，直射距离 1600 米，另外还装有 2 挺 7.62 毫米机枪，以及 1 门可放进车厢内的 60 毫米迫击炮。

1983 年，经过改进的 MK2 型投入生产，共生产 580 辆。该型坦克在

发动机后面加装一层特种装甲隔板，在炮塔四周加装有复合装甲，炮弹可存放在具有一定防弹能力的玻璃纤维储弹筒里面，整体防护能力较之MK1型有了明显提高。该车还装有更为先进的弹道计算机，以及热成像瞄准镜，行进间射击能力大为提升。此外，60毫米迫击炮还可以在车内完成装弹和射击。

1987年，MK3型投入生产并装备到以色列军队，共生产780辆，坦克重65吨，火炮由原来的105毫米线膛炮换成了120毫米滑膛炮，弹药基数50发，炮塔四周安装有更为先进的模块式复合装甲，通过技术改进，发动机功率为原来的900马力提高到1200马力，从0至32千米/小时的加速时间由原来的13秒提高到10秒，最大行程由原来的400千米提高至500千米。

2002年6月28日，MK4型坦克装备部队，共生产660辆，2003年7月开始作战训练。该型坦克正面装甲呈楔形，炮塔外形如飞碟，车底采用具有防弹功能的V形设计。发动机功率提升至1500马力，最大公路速度达到64千米/小时，越野速度达55千米/小时。加装有以第三代红外夜视仪为基础的自动跟踪系统，可自动计算射击诸元。车上装有烟幕发生器、无线电干扰器和激光探测、预警装置。并为车内人员配备了独立的车外观察装置，以便随时掌握车外情况。发射导弹时射程达8000米。

主要参数（MK4）			
乘员	4 人	最大速度	64 千米 / 小时（公路）
战斗全重	65 吨	最大行程	500 千米
车长	9.04 米（炮向前） 7.6 米（车身）	越壕宽	3.5 米
车宽	3.72 米	越障高度	1.0 米
车高	2.66 米	功率	1500 马力
离地距离	0.45 米	主要武器	120 毫米主炮 1 门，7.62 毫米机枪 2 挺 ,12.7 毫米高射机枪 1 挺，60 毫米最迫击炮 1 门

以色列“梅卡瓦”MK2 型主战坦克

（七）英国“挑战者”主战坦克

“挑战者”是一种由英国利兹皇家兵工厂生产的主战坦克，于1983年3月装备部队，用来替换英军于1967年装备的“酋长”式坦克（也称为“奇伏坦”坦克）。该坦克共有挑战者1型、2型、2E型等多个型号。

1978年9月，英国国防部和利兹兵工厂签订了243辆“挑战者”1型坦克的生产合同。1983年3月，第一批“挑战者”坦克交付英军。“挑战者”1型坦克战斗全重62.5吨，发动机功率1200马力，乘员4人，装有1门与“酋长”式坦克相同的L11A5式120毫米线膛炮以及2挺7.62毫米机枪，配有激光测距仪、火控计算机、车长控制与监视装置，车身两侧各装有5具烟幕发射装置。至1989年年底，英军共采购该型坦克420多辆。1991年，该型坦克在海湾战争中首次投入实战，综合表现超出英军战前的预料。

1986年7月，维克斯防务系统公司收购了利兹皇家兵工厂，但“挑战者”坦克的生产工作仍由利兹兵工厂负责。1991年，英国国防部向维克斯防务系统公司提交了首批127辆“挑战者”2型坦克的生产定单，1994年再次追加259辆，用于替换“挑战者”1型坦克。1998年6月，“挑战者”2型坦克正式交付英国陆军。此外，阿曼于1993年订购了18辆，1997年11月，又再次购买20辆。

“挑战者”2 型坦克在“挑战者”1 型坦克的基础上进行了多达 156 项的改进，主炮更换为 L30 型 120 毫米线膛炮，可发射 L15A4 式脱壳穿甲弹、L20A1 式脱壳弹、L31 式碎甲弹、L32A5 式碎甲教练弹、L34 式白磷发烟弹和 L23A1 式尾翼稳定脱壳穿甲弹，弹药基数 64 发，可在 5300 米的距离上击穿苏制 T-62 战车，创下了世界纪录。采用第二代“乔巴姆”复合装甲，炮塔的防护能力得到明显改善。装备一套全新的一体化武器控制和战场管理系统，火控系统更为先进，全天候作战能力明显增强。裙板下沿位于负重轮上缘，而 1 型裙板到负重轮的下沿。挑战者 2E 型坦克的发动机功率则提升至 1500 马力。

主要参数（“挑战者”2 型）

乘员	4 人	离地距离	0.5 米	功率	1200 马力
战斗全重	62.5 吨	最大速度	59 千米 / 小时（公路），40 千米 / 小时（越野）	主要武器	120 毫米主炮 1 门，7.62 毫米机枪 2 挺
车长	11.50 米（炮向前）8.3 米（车身）	最大行程	550 千米（公路），250 千米（越野）	炮弹基数	64 发
车宽	3.5 米	越壕宽	2.8 米		
车高	2.49 米	越障高度	0.9 米		

英国“挑战者”2 型主战坦克

（八）俄罗斯 T90 主战坦克

T90 主战坦克由俄罗斯下塔吉尔国营工厂生产，从 1994 年开始小批量生产，并陆续装备俄罗斯陆军，是目前俄军最为先进的主战坦克，共有 T90、T90E、T90S、T90SK 等多种型号，其中 T90S 主要出口到印度。

T90 秉承了苏联坦克设计的一贯做法，车内乘员 3 人，炮塔设计为圆形，车身前部右侧装有硕大的红外探照灯，且车身低矮。此外，T90 还与 T72 和 T80 有着非常近的血缘关系，主要采用了 T72BM 坦克的装甲防护系统以及 T80 坦克先进的火控系统，主炮仍为 1 门 125 毫米滑膛炮，炮弹基数 43 发，但综合性能却有了明显提升。

T90 坦克车体两侧装有 2 组共 16 具烟幕发射弹；炮塔上装有复合装甲以及爆炸反应装甲，抗毁伤能力有所提高；车上装有“施托拉”1 型光电干扰系统，该系统由光电致盲器、激光报警探测器、抗激光烟幕弹发射器和系统控制装置组成，能够有效地诱骗反坦克导弹和激光制导炮弹，降低对方的命中概率。

火控系统在 T80 坦克的基础上进行重大改进，采用了更为先进的弹道计算机、炮长测距 / 瞄准镜、火炮稳定器。配有新型的破甲弹、杀伤爆破弹和 4 枚 9M119 型炮射激光制导反坦克导弹，反坦克导弹可由车内的自动装弹机装填，有效射程 5000 米，最大穿甲厚度约 700 毫米。

主要参数			
乘员	3人	越壕宽	2.8米
战斗全重	47.5吨	越障高度	0.85米
车长	9.63米	爬坡性能	30°
车宽	3.78米	功率	1000马力
车高	2.22米	主要武器	125毫米主炮1门，7.62毫米机枪1挺，12.7毫米高射机枪1挺，反坦克导弹4枚
离地距离	0.47米	炮弹基数	43发
最大速度	65千米/小时	直射距离	2300米
最大行程	500千米（不使用副油箱） 700千米（使用副油箱）		

俄罗斯T90主战坦克

（九）日本 90 式坦克

90 式坦克是日本第二次世界大战以后研制的第三代主战坦克，由防卫厅技术研究本部第 4 研究所设计，由三菱重工、日本制钢所制造生产。继 74 式坦克研制成功并装备自卫队以后，1974 年，日本便启动了 90 式坦克的研究和发展工作，当时暂称为 TK–X 坦克，意为“试验中的坦克”，1985 年 6 月开始进行样车试验，曾计划于 1988 年定型，但由于中间遇到了一些麻烦，定型会议推至 1989 年 12 月，最终于 1990 年 8 月正式定型，命名为 90 式坦克。

90 式坦克吸收了欧洲主战坦克和苏联主战坦克的优点，从外观上看，90 式坦克与“豹”2 坦克非常相似，但比“豹”2 坦克结构更为紧凑，车身更加低矮。与“豹”2 坦克的主要区别在于，“豹”2 坦克每侧有 7 个负重轮，而 90 式坦克每侧只有 6 个负重轮，且侧裙板

主要参数			
乘　　员	3 人	最大行程	350 千米
战斗全重	50.2 吨	越 壕 宽	2.7 米
车　　长	9.755 米（炮向前）	越障高度	1.0 米
车　　宽	3.33 米	涉 水 深	1.0 米
车　　高	2.33 米	功　　率	1500 马力
离地距离	0.2 ~ 0.6 米（可调节）	主要武器	120 毫米主炮 1 门，7.62 毫米机枪 1 挺，12.7 毫米高射机枪 1 挺
最大速度	70 千米 / 小时	炮弹基数	40 发

日本 90 式坦克

上有便于上下车的脚蹬孔。

90 式坦克战斗全重 50.2 吨，比欧美主战坦克轻 10 吨左右；装有 1 门德国莱茵公司生产的 120 毫米滑膛炮，弹药基数 40 发，发射钨合金尾翼稳定脱壳穿甲弹和多用途空心装药破甲弹，其中钨合金穿甲弹性能与美国贫铀穿甲弹相当，弹长 884 毫米、重 19 千克，初速 1650 米 / 秒，在 2000 米距离上穿甲厚度为 700 毫米。车上乘员为 3 人。装备 1 台三菱重工生产的两冲程水冷 V 型涡轮增压柴油发动机，输出功率 1100 马力，0 ~ 32 千米 / 小时的加速时间仅为 5.5 秒，坦克的最大速度可达 70 千米 / 小时，最大行程为 350 千米。

90式坦克炮塔和大部分车体上装有复合装甲，炮塔上装有激光预警装置，车内装有激光测距仪、热成像仪、火控计算机和车长、炮长观瞄装置、三防装置、自动灭火装置，以及自动装弹机，具有很强的行进间观察和射击的能力。

（十）法国“勒克莱尔”主战坦克

“勒克莱尔”主战坦克，是法国装备的新一代主战坦克，其改进型“勒克莱尔”将成为“世界上第一种第四代主战坦克”。坦克由法国制造厂GIAT 工业（GIAT Industries）研制，以法国名将菲利浦·勒克莱尔元帅的名字命名，编号 AMX-56，用于取代 AMX-30 坦克。

1977 年，法国军方提出的引进美国 M1、德国“豹”2、以色列“梅卡瓦”主战坦克提案，以及和德国联合研制“豹”2 的提案陆续遭到否决，为此，法国决定自行研发一种重量较轻、主动防御性能好、机动能力强的新型坦克。

该型坦克于 1983 年开始设计，1986 年 1 月正式命名为“勒克莱尔”主战坦克，1989 年年底首辆原型车出厂，1990 年 4 月 4 辆生产型“勒克莱尔”出厂，1990 年在圣多利举行的欧洲陆军展中首度亮相，1992 年 1 月 14 日交付法国陆军试用，1991 年 9 月 16 辆预量产型陆续出厂，1993 年 12 月 18 日开始正式装备法国陆军。

“勒克莱尔”坦克曲线优美，总体布置与 AMX-30 差别不大，驾驶员位于车内前部左侧，车体中部为战斗室，后部为发动机室。驾驶员上方有 1 扇向左开启的舱门，舱门上装有 3 具潜望镜，中央的 1 具可换为

被动式夜视仪；车体前部、火炮防盾和炮塔四周均安装有复合装甲；炮塔前炮长瞄准镜座下方、炮塔两侧及车体两侧裙板另加装模块化装甲；车体两侧装有防护裙板；炮塔顶部后方两侧各有 7 具“加利克斯”榴弹发射器，射程约 70 米，散射范围为炮塔正面 240 度，视任务性质可配备烟幕弹、红外线干扰弹、破片榴弹。

坦克装备有 1 门法国自行研制的 CN–120–26 型 120 毫米滑膛炮，身管上没有传统意义上的抽烟装置，而配有隔热套筒和自动排烟系统，战斗射速 12 ~ 15 发 / 分。车内装有防燃隔舱、整车超压式核生化防护系统、战斗室及发动机舱灭火抑爆系统。全车备弹 40 发，车上装有一具特殊设计的自动装弹机，装弹机上备弹 22 发，装弹时间 12 发 / 分。

坦克配有 3 种实弹和 2 种训练弹。其中，F1–A 尾翼稳定脱壳穿甲弹全重 20.5 千克，弹丸重 7.3 千克，采用钨锰合金弹芯，炮口初速 1790 米 / 秒，有效射程 4000 米；F1 空心装药破甲弹全重 24.3 千克，弹丸重 14.4 千克，炮口初速 1100 米 / 秒，有效射程 3000 米；F1 榴弹，主要用于对付人员、建筑物、轻装车辆等软式或半硬式目标，弹丸重 15.5 千克，炮口初速 1000 米 / 秒，有效射程 4000 米以上。

车上装有包括热像仪、激光测距仪、车长及炮长瞄准镜、火炮双向稳定器、传感器和 3 台计算机在内的指挥仪 / 猎歼式火控系统。其中，昼间光学瞄准镜有 3.3 倍和 10 倍两种倍率，昼间电视显像为 10 倍，夜

主要参数			
乘　　员	3 人	越 壕 宽	3.0 米
战斗全重	54.5 吨（1 型；56.3 吨，2 型；57.4 吨，3 型）	越障高度	1.25 米
车　　长	9.87 米	涉 水 深	1.9 米
车　　宽	3.6 米	爬坡性能	30°
车　　高	2.53 米	功　　率	1500 马力
离地距离	0.5 米	主要武器	120 毫米主炮 1 门，7.62 毫米机枪 2 挺，12.7 毫米高射机枪 1 挺
最大速度	72 千米 / 小时（公路），55 千米 / 小时（越野）	炮弹基数	40 发
最大行程	550 千米（内部油箱），650 千米（加副油箱）	直射距离	4000 米

法国“勒克莱尔”主战坦克

间热成像电视显像为 3.3 倍；激光测距有效距离 10000 米，误差 ±5 米；坦克可在 40 千米 / 小时速度下进行行进间射击，首发命中率 95%。

“勒克莱尔”采用 SACM V8X-1500 型 8 缸超高增压柴油机，在世界上居于领先地位。车上装有 5 个前进档和 2 个倒档，最大公路速度 72 千米 / 小时，最大越野速度 55 千米 / 小时，最大倒车速度 38 千米 / 小时，5.5 秒内冲刺速度可达 32 千米 / 小时。车内油箱满载 1300 升燃油时，最大行程 550 千米，加上车尾 2 个各 100 升副油箱，可达 650 千米。坦克在无准备的情况下涉水深度 1 米，有准备后 1.9 米，加装进气筒后潜渡深度 4 米。

法国陆军装备的“勒克莱尔”共有三种型号。其中，1990—1996 年生产的 132 辆为“勒克莱尔”1 型，专为中欧战场而设计；1990—1996 年生产的 222 辆称为“勒克莱尔”2 型，车体上部的附加装甲稍有变动；2004—2005 年生产的称为“勒克莱尔”2+，即“勒克莱尔”3 型，炮塔前部和侧面模块化装甲增厚，车长和炮长配有“萨吉姆”第 2 代热像仪，可在恶劣天候、浓雾和沙尘中进行瞄准。其改进型“勒克莱尔”2015 将成为世界上第一种第四代坦克。1993 年，阿联酋向法国购买了 436 辆“勒克莱尔”坦克，称为“勒克莱尔”热带型，包括 388 辆主战坦克、2 辆驾驶训练车、46 辆装甲抢救车。

三、坦克背后的故事

（一）磨刀霍霍的库尔斯克

库尔斯克位于苏联的西南部，地处俄罗斯中部丘陵南端，面积2.98万平方千米，平均海拔200米，隶属于俄罗斯苏维埃社会主义联邦共和国。首府库尔斯克市，是俄罗斯最古老的城市之一。远在11世纪90年代，它的名字就出现在史书记载中。公元1240年，凶猛的鞑靼入侵者将这座城市全部摧毁。直至300多年后，才得以重建。

如果以前提起这个城市，也许很多人对此非常陌生。然而，上个世纪40年代的一场大战却使这个地方声名远扬。这就是著名的库尔斯克坦克大会战。

1943年年初，斯大林格勒战役胜利后，苏军乘胜追击，收复了大量失地，然而战线越拉越长。德军南方集团军群司令曼施坦因趁机主动放弃了一些重要据点，诱使苏军深入，于2月19日对苏联西南方面军发起反击，苏军西南方面军遭到了重创。3月14日，苏军被迫撤至库尔斯克南面的奥博扬地区。为了稳定战局，苏军将第1坦克集团军、第21和第64集团军调了过来。此后，双方逐渐形成了僵持状态。

双方交战的结果形成了一个以库尔斯克为中心的突出部。在突出部北面，德军中央集团军群共集中了21个德国师和3个匈牙利师，其中包括6个坦克师，共有590辆坦克，424门火炮，总兵力为33.5万人。在突出部的南面，曼施坦因所指挥的南方集团军群共有坦克1269辆，729门火炮，总兵力45万人。加上部署在突出部中部及各突击集群两翼的部队，德军共集中了坦克和自行火炮2700辆，火炮和迫击炮约1万门，飞机2050架，共计90多万人。

为了守住突出部，苏军也集中了大量的兵力。其中，在突出部北部，苏军将罗科索夫斯基的中央方面军部署在此，包括第70、13、48、60、65集团军以及第2坦克集团军，共计坦克和自行火炮1785辆，大炮和迫击炮1.1万门，总兵力71.1万人，并由朱可夫元帅亲自坐镇指挥。在突出部南部，部署的瓦图京的沃罗涅日方面军，包括第6、第7近卫集团军，第40、第38、第69集团军，第1坦克集团

军以及步兵第35军，共计坦克和自行火炮1704辆，大炮和迫击炮8718门，总兵力62.5万人。另外，在上述两个方面军的后面还部署科涅夫的草原方面军，包括1639辆坦克和自行火炮，8510门大炮和迫击炮，总兵力为57.3万人。

此时，苏德双方的兵力对比为2.4 : 1，坦克1.9 : 1，看起来苏军占有较大的优势，但事实上，苏军主要装备的是T-34/76坦克，而德军装备的则是新式的虎式坦克和“黑豹”坦克，从战术技术性能上看，德军坦克却占有相对优势。

双方的对峙在一天一天过去，似乎谁也没有先下手的意思，整个战线看起来十分平静。然而。7月4日夜，苏联近卫第6集团军在突出部南部抓住了德军第168步兵师的一个士兵，他供认德军将于5日凌晨3时对苏军开始进攻。7月5日凌晨，苏联第13集团军在突出部北部也抓住了一个德军第6步兵师的一名中士，他也供认德军的进攻行动马上就要开始。

得到这个消息后，苏军决定首先对德军实施炮火反准备，打乱德军的进攻步骤。7月5日凌晨2时20分，随着罗科索夫斯基大将的一声令下，苏军的各种炮弹加上飞机的炸弹呼啸着划过夜空，劈头盖脸的朝着德军的阵地砸了过去。苏军的这一招果然管用，德军被这突如其来的炮弹砸得晕头转向，攻击时间不得不推迟了3个小时。

5时30分，北路第一梯队德军3个装甲师和5个步兵师共计1200辆坦克对苏军第13集团军发起了猛攻，至此库尔斯克坦克大会战全面展开。当天，北路德军装甲集群连续组织了5次进攻，均被苏军击退。到了傍晚时分，德军才好不容易从个别方向突入前沿阵地。6日早晨，由罗金中将指挥的第2坦克集团军和第19坦克军，在第13集团军的配合下，又将德军打了回去，双方均有较大的伤亡。

7月5日，南路德军共计1500辆坦克向防守的苏军展开了猛烈的攻击，由于德军装备的虎式坦克占有一定的优势，德军较为顺利的突破了苏军的前沿防御阵地。7月5日下午16时，苏军第2坦克集团军所属的第6、第31坦克军和第3机械化军共计623辆坦克、火炮和迫击炮486门奉命迅速前出，用于增强第二道防御地带。

7月6日，德军共计出动了550辆坦克和4个步兵团分别对苏军第6坦克军、

第3机械化军进行了猛烈攻击，在苏军的顽强抵抗下，德军共损失了200多辆坦克和100多架飞机。但是，德军依然在苏军的防御阵地上撕开了一道口子。

7月7日早晨，北路德军在调整了坦克兵力部署后，又发起了猛烈的进攻，以平均每千米伤亡4000多人的巨大代价，经过几天的激烈交战，才勉强在一些方向上推进了10～12千米。7月10日，进攻达到了顶点，被迫停了下来，转入防御。

见此情形，苏军立即将担任方面军预备队的近卫第2、第5坦克军，以及最高统帅部预备队的草原方面军的第10坦克军调了过来。7月8日，德军再次集中了700多辆坦克对苏军发起了攻击，并包围了第6坦克军的左翼，战斗异常激烈。然而，苏军第5、第10坦克军刚好赶了过来，迅速对德军的翼侧展开了攻击，德军又损失了200辆坦克。

到了7月11日，南线德军伤亡过半，再也无力组织强有力的进攻了，苏军立刻组织了反攻。上午8时，苏、德双方共计1200辆坦克和自行火炮在普罗霍罗夫卡地域不到30千米的正面上迎头相撞，一场史无前例的坦克大战迅速展开，双方你来我往，杀的是天昏地暗，此战德军共损失了坦克400多辆，苏军也损失了700多辆。

7月12日凌晨，苏军对北路德军发起了反击。7月16日，莫德尔向希特勒请求放弃奥廖尔，向“哈根”防线撤退，遭到希特勒否决。7月25日意大利的墨索里尼下台后，希特勒将第2党卫装甲军调往了意大利，此时，奥廖尔突出部的德军随时都有被苏军合围的危险。

7月17日，南线德军开始全面撤退，7月23日撤到了战役发前起的初始位置。8月3日，苏军发起了全面进攻，8月23日，苏军攻占了哈尔科夫。整个南线作战期间，苏军共歼敌约20万人，自身也损失了坦克1864辆、火炮423门、飞机153架，人员25.5万多人。

7月31日，经过再三请求，希特勒最终同意了撤退的请求，德军开始向布良

斯克方向的“哈根”防线撤退。苏军顺势发动了追击，8 月 5 日攻克了奥廖尔，16 日结束作战。此战，苏军共消灭德军 20 万人、坦克 1044 辆、火炮 2402 门，自己也损失了坦克 2586 辆、火炮 892 门、飞机 1104 架、伤亡近 43 万人。

在历时 30 天的大会战中，虽然苏军取得了最后胜利，消灭德军坦克 1100 多辆、人员 50 多万人，但苏军却付出了损失坦克 6064 辆、伤亡 80 多万人的代价。库尔斯克大会战结束以后，战争的主动权落到了苏军手中，为以后苏德战争的全面胜利奠定了坚实基础。

（二）美国 M1A1 完胜伊拉克 T-72

1991 年的海湾战争是冷战结束后爆发的规模最大、参战国最多、现代化程度最高的一场局部战争之一，多国部队先后投入兵力达 80 多万人，其中参战美军就有 50 多万人。在这场战争中，各种高技术武器装备纷纷亮相，大显神威，其中美军的 M1A1 坦克就成为了地面作战中的明星，格外引人注目。

伊拉克入侵科威特以后，迅速调集重兵集团，沿伊科边境、伊沙边境部署了 9 个装甲师、4 个机步师共计 13 个重型师，并建立起了多道防御阵地。这些重装部队共装备坦克 4550 辆、装甲车 2880 辆。其中，伊拉克陆军的精锐共和国卫队就有坦克 1900 辆，约占伊军总数的 79%，装甲车总数的 32%。这些坦克当中，既有苏制的 T-54、T-55、T-62，也有参加过两伊战争当时比较先进的 T-72 坦克。

面对伊拉克强大的装甲作战集团，美军便开始了大规模坦克调运工作。1990 年 8 月 7 日，美国向海湾地区派兵的“沙漠盾牌”行动正式开始，继 82 空降师之后，很快美军的第 1 骑兵师、第 2 装甲师、第 24 机械化步兵师等先头部队就抵达了海湾地区。但是，美国人很快就发现了，凭借他们现有的这些装甲部队恐怕还无法战胜实力雄厚的伊拉克共和国卫队。为此，美军又将驻欧洲的第 1、第 3 装甲师和第 2 装甲骑兵团，以及驻美国本土的第 1 机械化步兵师紧急调了过来。

此时，海湾地区阴云密布，密密麻麻挤满了各种各样的坦克。其中，美军派出去的主要是当时最先进的M1A1坦克。M1A1坦克加装有柔韧性更强的贫铀防护装甲，其防护能力是原来M1坦克的两倍，在2000米距离上防护能力相当700毫米均质装甲。配有贫铀穿甲弹，可在2000米距离内击穿厚度为650毫米的均质装甲。

美军1个装甲师编有6个坦克营和4个机械化步兵营，共装备M1A1主战坦克348辆、M2步兵战车216辆、M3骑兵战车100辆；机械化步兵师编有5个坦克营和5个机械化步兵营，共装备M1A1主战坦克290辆、M2步兵战车280辆、M3骑兵战车100辆；1个装甲骑兵团下辖3个装甲骑兵营、装备M1A1主战坦克123辆、M3骑兵战车116辆；骑兵师的编制与装甲师基本相当。另外，每个师还配有2个反坦克攻击直升营，每个营配有AH-64“阿帕奇”直升机18架，火力十分了得。

反观伊军的装甲机械化部队，虽然拥有主战坦克5500辆、BMP步兵战斗车1500辆、装甲输送车约6000辆，但这些坦克当中，比较先进的T-72主战坦克只有500辆，其余的T-62坦克有1000辆、T-54/T-55坦克2500辆，从中国购买的59式和69式坦克1500辆。

当时伊拉克装备的T-72坦克，战斗全重为41吨，乘员3人，炮塔正面的装甲厚度为460毫米，顶部还有25毫米的附加装甲。配有1门125毫米滑膛炮，可在2000米的距离上击穿450毫米均质装甲。因此，从各种战术技术性能上看，就算是比较先进的T-72坦克看起来也不是美国M1A1坦克的对手。

1991年2月24日凌晨，历时38天的“沙漠风暴”空袭行动刚一结束，多国部队的“沙漠军刀”地面行动随即展开。24日下午3时，美军第24机械化步兵师在伊沙边境实施远程奔袭。25日1时，该师兵分3路全部越过伊沙边境，控制了纳西里亚地域，切断了伊军向伊拉克境内撤退的唯一退路。在纳西里亚机场，该师遇到了一支正在撤退的伊军共和国卫队，双方立刻展开了激战。战斗中，美军凭借着武器装备的优势，共击毁和缴获了57辆T-72主战坦克，伊军全军覆没。

2月27日，美军向被包围的伊拉克共和国卫队发起了最后的总攻，海湾战争

中规模最大的一场坦克大战，也是第二次世界大战以来规模最大的一次坦克大战正式上演。在幼发拉底河谷地区，伊军 300 多辆 T-72 坦克与美军 470 辆 M1A1 主战坦克相遇了。美军的 M1A1 在空中 A-10、AH-64“阿帕奇”攻击直升机的火力支援下，根本不进入 T-72 坦克的射程之内，便在 3000 ~ 3500 米的距离上不断向 T-72 发射穿甲弹。就这样，伊拉克的 T-72 在毫无还手之力的情况下，纷纷成为了 M1A1 的炮下鬼。而整个战争期间，美军仅有 9 辆 M1A1 被伊军坦克击中后或毁或伤，其他均毫发无损。

第七章　直升机

一、直升机概述

直升机主要由机体和升力（含旋翼和尾桨）、动力、传动三大系统以及机载飞行设备等组成，是一种以动力装置驱动的旋翼作为主要升力和推进力来源，能垂直起落及前后、左右飞行的旋翼航空器，英文名称 Helicopter，具有大多数固定翼航空器所不具备的垂直升降、空中悬停、小速度向前或向后飞行等特点。

（一）直升机的历史

说起直升机，大家可能都想到一种昆虫，那就是蜻蜓。蜻蜓不仅可以在空中飞来飞去，还可以通过拍打翅膀随意地停在空中，比如大家所熟知的“蜻蜓点水”。

4000多年前，智慧勤劳的中国人发明了一种用一根竹棒和几个竹片做成的玩具—“竹蜻蜓”，如果用劲一搓竹棒，它便“嗖”地一声蹿向空中，但是由于无法连续给它提供动力，它飞到一定高度之后便开始旋转下降，最后落回地面。大约在明朝的时候，中国的“竹蜻蜓”传到了欧洲，被称为“中国飞行陀螺”。它在直升机的发展过程中，起到了启蒙作用。

1907年8月，法国工程师布雷盖，驾驶着世界上第一架直升机，首次飞离地面。“布雷盖直升机”装有4副旋翼，每副由8个巨大的双层桨叶组成，装有1台50马力的发动机，由于没有操纵系统，飞行稳定性极差，不能自由飞行。后来，他又陆续制造了两架直升机，同样没有解决好飞行稳定性问题，最终他放弃了直升机的制造，改为制造固定翼飞机了。不过，布雷盖的这次飞行在直升机发展史上却是一个重要的起点。

除了布雷盖以外，在法国还有一个叫保罗·科尔尼的人也在研制直升机，但他同样没有很好地解决飞行稳定性问题。1912年，由尤里耶夫

率领的莫斯科大学研究小组研制的直升机模型在国际航空器展览会上获得了金奖。

1916年，移居美国的俄罗斯人德保泰扎特发表的关于直升机设计的论文引起了美国陆军的注意。1921年，美国陆军与德保泰扎特签订协议，由他为美军生产直升机。1922年11月18日9时，德保泰扎特研制的直升机开始试飞，伴随着发动机的轰鸣声，直升机顺利地升空了。但是由于这种直升机采用的是普通飞机的操纵系统，因此，驾驶起来仍然十分困难，没有达到实用的要求。最后，美国陆军放弃了直升机研制计划。

从1922年到1936年的10多年时间里，直升机的研制工作进入了低谷。然而，到了1936年情况有了转机。1936年6月26日，由德国科学家福克·沃尔夫设计的FW-61进行了公开飞行表演。该机沿用了普通飞机的机身和方向舵，采用横列式双旋翼，发动机安装在机身前部，起落架为三轮式，样子十分独特，是世界上第一架真正能在空中盘旋的直升机。

1939年，由美国人伊戈尔·西科斯基设计的VS-300直升机诞生了。该机驾驶员座舱为全开放式，装有1台75马力的发动机，采用单旋翼带尾桨式，机身采用钢管焊接结构，起落架为后三点式。这是世界上第一架实用型直升机，这种单旋翼带尾桨直升机构型成为现在最常见的直升机构型。

西科斯基最早期的 vs300

从第一架实用直升机投入使用以来，直升机经历了四个大的发展阶段。第一阶段为 20 世纪 40 年代至 50 年代中期。这一时期，直升机以活塞发动机为动力，采用木质或钢木混合式旋翼桨叶。主要代表有美国的 S-51、贝尔 47，苏联的米 -4、卡 -18 等。

第二阶段为 20 世纪 50 年代中期至 60 年代末。这一时期，直升机采用涡轮轴发动机，全金属桨叶，机身变窄，乘坐舒适性有所改善。主要代表有美国的 UH-1、AH-1，苏联的米 -6、米 -8、米 -24，法国的 SA321“超黄蜂”等。

第三阶段为20世纪70年代至80年代。这一时期，直升机桨叶采用复合材料，加装有防护装甲，采用电子式与机械式混合操纵机构，装有通讯设备、导航设备、夜视仪。主要代表有美国的UH-60“黑鹰”、AH-64“阿帕奇”，苏联的米-28、卡-50，法国的SA365“海豚”，意大利的A129“猫鼬”等。

从20世纪90年代开始，直升机进入了第四个发展阶段。这一时期，直升机的信息技术含量更高，隐身性能更好。主要代表有美国的RAH-66，欧洲的“虎”式直升机等。

（二）直升机的分类

直升机是一个庞大的家族，数量和型号非常之多，用途十分广泛。按其作战用途，军用直升机大致可分为攻击直升机、侦察（观察）直升机、运输直升机和特种用途直升机等4种类型。

1. 攻击直升机。攻击直升机即人们常说的武装直升机，包括用于反坦克作战和支援地面（水面）作战的强击直升机，用于空中格斗的歼击直升机，用于攻击潜艇的反潜直升机。这类直升机集火力、机动力、装甲防护力于一体，有人把它称为“空中坦克”。其主要代表有美国的AH-1W、AH-64，俄罗斯的米-24、卡-52，英国的“山猫”，意大利的A129，中国的武直-10等。

2. 侦察（观察）直升机。侦察（观察）直升机主要用于提供战场目标及其活动情况，进行空中管制和协调战场作战，担任通信联络，检查突击效果，查明沾染、辐射程度，校正炮兵射击以及指示目标等。其主要代表有美国的 OH-58D，法国的“小羚羊”等，中国的直 -9 也具有这类功能。

3. 运输直升机。运输直升机主要用于运送部队、技术兵器、物资器材，运送伤员以及吊运大体积的物资装备等。运输直升机按其起飞总重量可分为轻型、中型、重型和超重型等 4 种类型。目前世界各国陆军航空兵装备最多的是轻型和中型运输直升机，其次是重型运输直升机，超重型运输直升机比较少。其主要代表有法国的“海豚”，美国的 UH-60“黑鹰”、CH-47“支奴干”、V-22“鱼鹰”，俄罗斯的米 -171、米 -26 等。

4. 特种用途直升机。特种用途直升机是指能完成某种特定任务的直升机，通常是在轻型、中型、重型运输直升机的基础上改装而成的，主要区分为电子战直升机、预警直升机、布雷与扫雷直升机、指挥 / 通信直升机以及加油直升机等。其主要代表有美国的 EH-60A 电子战直升机，俄罗斯的米 -6 和米 -8 加油直升机等。

意大利 A129“猫鼬”直升机

（三）直升机的结构

直升机主要由机体和升力、动力、传动三大系统以及机载飞行设备、武器系统等组成。直升机的升力系统主要包括旋翼和尾桨，旋翼一般由涡轮轴发动机或活塞式发动机通过由传动轴及减速器等组成的机械传动系统来驱动，也可由桨尖喷气产生的反作用力来驱动。武装直升机一般装备有7.62、12.7毫米机枪，20、23、25、30毫米航炮，37、50、57、68、70、80、90毫米火箭弹，反坦克导弹、空对空导弹以及各种观瞄、控制、敌我识别等装置。

美国AH-64D攻击直升机

（四）直升机的特点

作为现代陆战的重要兵器，直升机比固定翼飞机体积小、重量轻，能够垂直升降、空中悬停。与坦克、大炮等相比具有机动速度快，受地形影响有限等特点。

德法联合研制的“虎”式直升机

哥伦比亚“黑鹰”直升机发射照明弹

一是机动性好、反应灵活。直升机体积小、重量轻、转向灵活，不仅可以向前飞，还能够倒着走，甚至还可以倒飞。直升机具有良好的超低空飞行能力，不仅可以在平原开阔地活动，还可以在崇山峻岭、茫茫雪原出没，可以自由地活动在“树梢”之间。这些是固定翼飞机和地面作战装备所无法比拟的。

二是携带武器多、杀伤能力强。大多数直升机特别是武装直升机可以装挂有反坦克导弹、航空火箭、机关炮、机枪和空对空导弹等多种武器，火力十分凶猛，可在瞬间释放出强大的威力。如美国的 AH-64“阿帕奇”攻击直升机携带有 16 枚“地狱火”反坦克导弹，1 个装备 18 架“阿帕奇”的攻击直升机营能够轻而一举地摧毁 200 多辆敌方的坦克装甲目标。

三是设有防护措施，战场生存能力强。为了提高直升机特别是武装直升机的战场生存能力，许多国家都对直升机采取了一定的防护措施。如座舱风挡采用防弹玻璃，座舱两侧和底部加装有防护装甲，尾桨采用防弹玻璃纤维，燃油箱具有抗坠毁和自封性能。此外，许多直升机上面还装有敌我识别系统以及雷达告警接收器、雷达干扰器、金属箔条施放器等设备，甚至还有一些直升机采用了隐形技术。

（五）直升机的未来

随着直升机在陆战中的地位作用不断增强，以及科学技术的不断发

展，未来的直升机将广泛采用新技术、新材料，可靠性、可维修性和生存力将不断提高，机型不断简化、通用性增强。

一是隐形能力更强。“科曼奇”的出现，拉开了发展隐形直升机的帷幕。未来直升机将广泛采用多种技术，如缩小机身尺寸，采用窄而细的布局结构；在机身和桨叶上涂上不反光的涂料，降低与背景的对比度；发动机的排气口采用内外涵道双层设计，减少热辐射；采用新式尾桨，降低噪音；红外抑制技术等，直升机的隐身功能将大大提高。

二是生存能力更强。除了在直升机重要部位加装有防护装甲以外，抗坠毁座椅将得到普及，吸能起落架将得到有效应用，吸能材料将广泛用于机体结构。另外，许多新型复合材料应用率也将极大提高，如韧化环氧树脂、玻璃纤维和凯夫拉防弹纤维等，这些材料具有重量轻、强度高、耐疲劳，耐腐蚀、耐坠毁等特点，直升机的战场生存能力将显著提高。

三是综合作战能力更强。随着信息技术的快速发展，直升机上的各种信息化设备数量不断增多，性能不断提高，功能日益强大，集成化、一体化程度不断增强，配有更加先进的前视红外、夜间电视等探测器材，直升机的目标识别、截获与跟踪、飞行控制、导航、驾驶、通信、武器管理、座舱控制与显示等方面的信息化程度不断提高，综合作战能力全面提升。

二、陆战经典直升机

（一）美国 AH-1 攻击直升机

AH-1 直升机，是贝尔直升机公司为美国陆军研制的专用反坦克武装直升机，也是世界上第一种反坦克直升机。该机于 1965 年 3 月开始研制，1965 年 9 月首次试飞，1967 年 6 月开始交付，公司编号贝尔 209。

越南战争期间，为了给地面部队和空降部队提供及时有效的火力支援，美军首先在 CH-21 直升机的舱门上加装 1 挺轻机枪，但是火力太弱。后来，又在 UH-1 通用直升机上加装 1 挺 12.7 毫米机枪和 1 具 70 毫米火箭发射器；在 UH-1A 型直升机上装有 2 挺 12.7 毫米机枪、16 枚 70 毫米火箭；在 UH-1B 上装有 4 挺 M60 机枪、8 枚 70 毫米火箭。但是，上述做法仍然无法满足作战的需要，于是美军决定开发一种专用攻击直升机。

1965 年 3 月，美国正式启动专用攻击直升机的研制计划。1966 年，贝尔 209 竞争获胜，取得了生产权，军方编号 UH-1H。后来，由于美军将攻击机编号统一改为“A”，于是“UH-1H”改称为“AH-1G”。因此，该机就成为了全世界第一种进入量产的专业武装直升机，也称为“眼镜蛇”。

AH-1G“眼镜蛇”武装直升机采用流线型机身，最大速度 352 千米 / 小时，比 UH-1H 快 50%；配有 1 门 20 毫米机炮、1 具 70 毫米火箭弹发射装置；机身装甲也加厚了不少，防护能力明显提高。1966 年 4

月，美国陆军正式与贝尔公司签约生产合同，当年订单达 320 架。1967 年秋，AH-1G“眼镜蛇”投入越南战场，共生产 1127 架。由于 AH-1G 与 UH-1 通用性强，零部件供应和维修保障非常方便。

AH-1 从它诞生之日起，经过数十年的发展，共有 AH-1G、AH-1J、AH-1Q、AH-1S、AH-1T、AH-1W、AH-1Z 等多种型号。其中，AH-1W 于 1988 年 8 月交付使用，曾参加过 1991 年的海湾战争等多次重大军事行动。

主要参数（AH-1G）					
乘员	2 人	最大起飞重量	4310 千克	爬升率	6.25 米 / 秒
机长	16.2 米	最大飞行速度	352 千米 / 小时	武器	1 门 20 毫米机关炮，2 挺 7.62 毫米机枪式 40 毫米榴弹发射器，1 具 76 毫米火箭弹发射装置
旋翼直径	13.4 米	巡航速度	277 千米 / 小时		
高度	4.12 米	航程	574 千米		
空重	2630 千克	实用升限	3475 米		

美国 AH-1 攻击直升机

（二）美国 AH-64 攻击直升机

AH-64“阿帕奇”（Apache）是美陆军现役的主战攻击直升机，根据 20 世纪 70 年代初期美陆军提出的“先进攻击直升机”（AAH）计划研制，由波音（麦道）公司生产。1975 年 9 月原型机首飞，1982 年开始生产，1984 年正式交付，1986 年美军成立了第一支阿帕奇部队，1989 年 12 月在巴拿马首次投入实战。

AH-64 配有 30 毫米机关炮 1 门，可携带 16 枚“地狱火”导弹，可选装 76 枚火箭弹；作战半径 480 千米，最大航程 1900 千米；机上装有“长弓”雷达，能够在 8000 米距离上发现目标；机身重要部位可以承受子弹及 23 毫米火炮弹片的打击，采用强化材料的旋翼可有效对抗 12.7 毫米高射机枪，飞行安全性大大提高。

海湾战争中，美军共有 200 多架阿帕奇直接参战，在一次战斗中，24 架阿帕奇在 50 分钟内击毁伊拉克共和国卫队坦克装甲车 84 辆、火炮 8 门、汽车 39 辆，合计 131 个目标，相当于摧毁 1 个装甲团的兵力。

AH-64 共有 AH-64A、AH-64B、AH-64C、AH-64D、AH-64E 等多种型号。该机不仅是美国陆军的主力攻击直升机，还出口英国、日本、以色列、埃及、沙特阿拉伯、阿联酋、希腊等国。

美国 AH-64 攻击直升机

主要参数（AH-64A/D）			
乘员	2人	最大飞行速度	365千米/小时
机长	17.73米	巡航速度	265千米/小时
旋翼直径	14.63米	航程	1900千米
高度	3.87米	实用升限	6400米
空重	5165千克	最大爬升率	12.7米/秒
最大起飞重量	10433千克	主要武器	1门30毫米机关炮，16枚"地狱火"反坦克导弹，76枚火箭弹

（三）美国RAH-66攻击直升机

RAH-66“科曼奇”（Comanche）由波音公司研制，主要用于替代AH-1攻击直升机和OH-58侦察直升机，并替代部分AH-64攻击直升机，是世界上第一个具有隐身功能的直升机，具有防雷达探测、红外探测、音响探测和目视探测等功能，它的雷达成像比1枚“地狱火”导弹还要小。

1982年，美国陆军提出LHX（实验轻型直升机计划），用来取代UH-1、AH-1、OH-58和OH-6直升机。1988年6月，美国陆军与波音、西科斯基公司和贝尔、麦道公司两个小组签订了为期23个月的论证与验证合同。1991年4月8日，波音、西科斯基公司小组获胜，随即进入原型机研制阶段。1990年年初，美国陆军将LHX代码中表示试验性的字母X去掉成为LH。1991年4月，正式编号为RAH-66，其中R表示侦察，A表示攻击，H表示直升机，并用北美印第安人的名字命名为“科曼奇”。

“科曼奇”形状独特，机身采用了类似F-117的多面体圆滑边角设计；发动机进气口呈缝隙状，气道曲折；排气管采用复杂的降温、遮掩设计，排气辐射量极小；采用具有降低噪音功能的涵道风扇尾桨设计。此外，为了减小暴露特征，武器可以携带在机身内部，机炮在不使用时，可以隐藏到炮塔里面，起落架也可以完全收回。

“科曼奇”主要采用被动式侦察手段，并加装有雷达干扰机，由计算机辅助完成侦察任务和数据传输，从发现目标到攻击力量出动仅需 10 分钟左右。机身采用了大量的复合材料，能够有效抵御 7.62 毫米、12.7 毫米和 23 毫米口径的枪弹或炮弹的射击。燃油系统装有惰性气体发生系统，可防止直升机坠毁后燃油起火爆炸。

主要参数（RAH-66A）			
乘员	2 人	最大飞行速度	324 千米 / 小时
机长	14.28 米	巡航速度	306 千米 / 小时
旋翼直径	11.9 米	航程	2220 千米
机高	3.37 米	实用升限	4566 米
空重	4218 千克	最大爬升率	4.55 米 / 秒
最大起飞重量	7896 千克	主要武器	1 门 3 管 20 毫米机炮（备弹 500 发）、内部挂架可携带 6 枚“地狱火”反坦克导弹，或 12 枚“毒刺”空空导弹或 24 枚 70 毫米火箭弹、外部挂架可携带 8 枚“地狱火”反坦克导弹，16 枚“毒刺”空空导弹或 56 枚 70 毫米火箭弹

美国“科曼奇”攻击直升机

（四）苏联米 -24 多用途武装直升机

米 -24（Mi-24）武装直升机是苏联第一代多用途武装直升机，由苏联米里直升机设计局（原米里实验设计局）设计，于 20 世纪 60 年代末开始研制，1971 年定型，1972 年底完成试飞并投入生产，1973 年开始装备部队，是冷战时期苏联的力量象征，北约称之为“雌鹿”（Hind）。

米 -24 由 2 台发动机提供动力，驾驶舱采用双座设计，它和西方国家的专用攻击直升机不同，集攻击直升机和运输直升机功能于一身，除了担负摧毁敌方坦克装甲目标，以及遂行空中消灭对方直升机的任务外，还可以搭载 8 名步兵实施机降作战，甚至机内还设有可供步兵射击的射孔。

虽然米 -24 体积要比 AH-1 略大，但它的机动性能和防护性能仍然十分优秀。该机驾驶舱前部装有防弹玻璃、驾驶舱侧面和发动机罩等重要部位装有防护装甲，可有效抵御敌方口径 20 毫米以下武器的攻击。在一次战斗中，1 架米 -24 在机身螺旋桨和燃料液压系统遍布 20 个弹孔的情况下，仍然成功地返了回来。

米 -24 续航能力超强，最大续航时间可达 4 小时，即使主齿轮箱油压降至零，仍然可以继续飞行 15 至 20 分钟。此外，米 -24 还是世界上第一个采用可收放起落架的直升机。不过有些飞行员经常忘记收起和放下起落

架，特别是着陆时，由于忘记放下起落架，结果直升机的“肚子”直接着陆。

米-24先后有A、B、C、D、E、F六种型号，共生产了大约2300多架，除装备苏联（俄罗斯）和独联体国家外，还先后出口到古巴、印度、阿富汗、越南、伊拉克、利比亚、阿尔及利亚、安哥拉、也门等国家。

主要参数			
乘员	2~3人	最大巡航速度	270千米/小时
机长	17.5米	最大爬升率	12.5米/秒
机高	6.5米	实用升限	4900米
旋翼直径	17.3米	最大航程	1000千米（带4个副油箱）
空重	8500千克	续航时间	4小时
起飞重量	12000千克	主要武器	1挺4管12.7毫米机枪，4~8枚反坦克导弹，20枚80毫米火箭
最大飞行速度	335千米/小时		

俄罗斯米-24PN多用途武装直升机

（五）俄罗斯卡 -50 武装直升机

卡 -50 武装直升机由俄罗斯卡莫夫设计局设计生产，于 1977 年完成设计，1982 年 7 月 27 日进行首次飞行，1984 年首次公布，1991 年开始交付使用，主要用于摧毁坦克装甲车辆和其他地面目标，攻击敌方低空低速飞行目标。北约称其为“噱头”（Hokum），俄罗斯称其为“狼人”，它是当今世界可与美国“阿帕奇”相匹敌的武装直升机。

卡 -50 为单座直升机，装有 1 门 30 毫米机关炮，携带 80 枚火箭，机翼下方 4 个挂架可携带 16 枚 AT-9“旋风”反坦克导弹。该导弹采用激光制导方式，有效射程 8 ~ 10 千米，穿甲厚度 900 毫米。另外，还可携带 P-60M“蚜虫”和 P-73“射手”等红外制导空对空导弹。

卡 -50 是目前世界上唯一装有弹射救生系统的直升机。借助 K-37 弹射座椅，一旦遇到危险，飞行员就可

主要参数（卡-50/卡-52）			
乘员	1人	最大飞行速度	350千米/小时（俯冲） 315千米/小时（平飞）
机长	16米	巡航速度	270千米/小时
机高	4.93米	爬升率	10米/秒
旋翼直径	14.5米	航程	545千米 1160千米（4个副油箱）
空重	7700千克	实用升限	5500米
最大起飞重量	10800千克	主要武器	1门30毫米机炮，16枚反坦克导弹，80枚火箭，红外制导空空导弹

俄罗斯卡-50武装直升机

以在任何高度和飞行速度情况下，弹出机舱，跳伞着陆。此外，卡 –50 座舱加装有双层防护钢板，挡风玻璃可抵挡 12.7 毫米子弹，座椅下方装有具有减震功能的蜂巢式底架。因此，可以说，卡 –50 的飞行员是当今世界上最安全的直升机飞行员。

卡 –50 也是世界上第一架共轴式武装直升机，由于两副桨叶旋转方向相反，平衡了扭矩，因此它是一个没有尾桨的直升机。正因为如此，卡 –50 要比其它直升机体积更小，升力更高，机动性能更好，载弹量更大，超低空突防能力更强。

1996 年 11 月 12 日，卡 –50 的升级版本卡 –52 首次公开展出，它由俄罗斯乌赫托马直升机制造厂生产，俄罗斯人以凶猛的两栖动物“短吻鳄”为其命名。该机在动力装置、旋翼、垂尾、起落架、武器等方面与卡 –50 基本相同，主要区别是它采用了并列式双座驾驶舱。此外，该机还具有良好的侦察、指挥与控制等功能，就像美军的“科曼奇”一样，可以当作卡 –50 的空中预警指挥机。

（六）英国“山猫”直升机

“山猫”直升机是英、法合作生产的三种直升机之一，其余两个分别为“美洲豹”和“小羚羊”。1967 年 2 月，两国提出合作协议，1968 年 4 月 2 日得到批准，由英国韦斯特兰直升机公司负责设计领导工作。

1971 年 3 月 21 日第一架原型机进行了首次试飞。1974 年年初开始批量生产，分别由英国韦斯特兰直升机公司和原法国航宇公司（现欧洲直升机法国公司）共同承担，其中英国分担 70%，法国分担 30%，法国主要向英国供应桨毂、尾桨、桨叶、短翼（海军型）、座舱结构和机身尾段等部件。

“山猫”直升机主要区分为陆军型和海军型两种。其中，AH.Mk1、AH.Mk5、AH.Mk7、AH.Mk9 为陆军型，HAS.Mk2、HAS.Mk3、HMA.Mk8 为海军型。陆军型和海军型最为显著的区别是陆军型的着陆装置为不可收放的管架滑橇，海军型为起落架。

陆军型直升机配有“陶”式反坦克导弹，主要担负战术部队运输、后勤支援、为运输直升机武装护航、反坦克、搜索和救援、伤员后送、侦察和指挥等任务。海军型主要担负反潜、搜救、反水面舰艇、侦察、部队输送、火力支援、通信和舰队联络以及垂直补给等任务。

“山猫”直升机身材短小，具有飞行速度快、机动灵活、易于操纵等特点，主要担负战术部队运输、后勤支援、护航、反坦克、搜索和救援、伤员后送、侦察和指挥等任务。普通直升机起飞时旋翼通常要倾斜 1 秒以后机身才能拉平，而山猫直升机可在瞬间做到。不仅如此，山猫直升机还可以在空中进行“鹞子倒飞”。

英国陆军 Ah.Mk7 型“山猫”直升机

英国海军 HMA.Mk8 型“山猫”直升机

主要参数			
乘员	2 人	巡航速度	248 千米 / 小时
机长	15.17 米	航程	630 千米
旋翼直径	12.8 米	实用升限	3230 米
高度	3.66 米	爬升率	15.9 米 / 秒
空重	2578 千克	续航时间	2 小时 57 分
最大起飞重量	4535 千克	主要武器	2 门 20 毫米机炮，8 枚空对地导弹（另有 6 ~ 8 枚在座舱内），38 枚 70 毫米火箭
最大飞行速度	289 千米 / 小时		

（七）法国“小羚羊”直升机

“小羚羊”直升机是英、法合作生产的三种直升机之一，由原法国航宇公司（现欧洲直升机法国公司）和英国韦斯特兰直升机公司共同研制。研制计划最初由法方提出，用来取代“云雀”-2 直升机。1964 年开始设计，1967 年法、英两国签定共同研制和生产的协议，1967 年 4 月 7 日第一架原型机 SA340 首飞，1968 年 4 月第二架原型机 SA341 首飞；1971 年 8 月 6 日经过改进的第一架预生产型首飞。

“小羚羊”机身轻巧，空重仅为 908 千克，因此飞行速度快，机动非常灵活。1971 年 5 月 SA341-01 号曾创造了三项世界直升机飞行纪录：一是在 3 千米直线航段上飞行速度达 310 千米 / 小时；二是在 15/25 千米直线航段上飞行速度达 312 千米 / 小时；三是在 100 千米闭合航线上飞行速度达 296 千米 / 小时。该机采用并列双座驾驶机制，座舱共有两排五个座位，是一款轻型多用途直升机，能够担负反坦克、侦察、运输、救护、护航等多种任务。主要武器包括 1 门 20 毫米机炮或 2 挺 7.62 毫米机枪，可带 4~6 枚反坦克导弹，或 2 个 70 毫米或 68 毫米火箭吊舱。

“小羚羊”同样区分为陆军型和海军型。该机不仅大量装备英国和法国陆海军，还出口中国、伊拉克、爱尔兰、摩洛哥、安哥拉、南斯拉夫、埃及等国家，而且英国的“小羚羊”参加了马岛战争，法国的参加了海湾战争。

"小羚羊"直升机

主要参数			
乘员	2人	最大飞行速度	310千米/小时
机长	11.97米	巡航速度	264千米/小时
旋翼直径	10.5米	航程	670千米
高度	3.15米	实用升限	5000米
空重	908千克	爬升率	9米/秒
最大起飞重量	1800千克	主要武器	2挺7.62毫米机枪或20毫米机炮，4～6枚"霍特"反坦克导弹，或2个68毫米或70毫米火箭吊舱

（八）意大利 A129 武装直升机

A129 轻型专用武装直升机，绰号“猫鼬”（Mangusta）。该机由世界第二大直升机公司意大利阿古斯塔公司研制，是意大利陆军航空兵的主战直升机，也是欧洲第一型专用武装直升机，除装备意大利陆军外，还出口至土耳其（编号 T-129）。

1978 年 3 月阿古斯塔公司和意大利陆军共同投资开展 A-129 的研制工作，1982 年 11 月完成基本设计，1983 年 9 月 15 日首架原型机试飞，1986 年 10 月进行首次实弹射击，1987 年 12 月意大利军方与阿古斯塔公司签订协议首批购买 15 架，1991 年 10 月 6 日首批 5 架飞机交付使用。

该机共有 A129、A129 国际型、A129CBT 三种型号。三者机长、机宽、机高、翼展面积和空重完全相同，但发动机型号及功率、最大起飞重量、飞行速度、爬升率、最大航程、武器装备略有不同。

A129 采用串列式座舱布局，副驾驶 / 射手在前，飞行员位于较高的后舱内，乘员均配有坠机能量吸收座椅。机身采用常规半硬壳式结构，中机身和油箱部位由蜂窝板制成。飞机采用全铰接式 4 片主旋翼和半刚性三角铰接式 2 片尾桨。

4片主旋翼装于三维球形弹性轴上（每个叶片一个），其优点是可不必对奖毂和轴承进行润滑，并可减小旋翼阻力和直升机的震动。旋翼可以抵抗23毫米炮弹的直接命中并能够割断15厘米粗的树干。其转动轴采用中空结构，可安装桅杆式侦察、瞄准系统，并可显著地减少飞机的多普勒雷达反射特征。桨叶也由复合材料和不锈钢前缘制成，可抗12.7毫米子弹的射击。

A129是继UH-60、AH-64后第三种采用军用STD1290坠毁生存标准的直升机。飞机在以11.2米/秒的垂直速度和13.1米/秒的水平速度落向地面时，乘员的存活率达90%。飞机在以4.57米/秒的速度“硬着陆”时，抗坠毁固定式后3点起落架可保证机体和蒙皮不会造成大的破坏。

机上装有2台涡轴发动机，2台发动机间隔较大，发动机由装甲防火板隔开，发动机系统的所有传动轴、部件和接头均能承受12.7毫米子弹的打击。机上配有2套独立的燃油系统，油箱采用了专门的抗坠毁设计，油箱及供油管路均有自封功能，2套系统可交叉供油，每台发动机配有独立的润滑油冷却系统。排气管可安装红外抑制装置。当传动装置被击中，润滑油外漏时，飞机还可继续飞行30分钟。

A129装有1门20毫米机关炮（仅CBT型配备，备弹500发），共有4个外挂点，挂载能力1200千克，通常携带8枚“陶”或“地狱火”反坦克导弹，或4个12.7毫米机枪吊舱、4个81毫米火箭发射吊舱（每

意大利 A129 武装直升机

主要参数			
乘　　员	2 人	最大飞行速度	278 千米 / 小时
机　　长	12.28 米	巡 航 速 度	229 千米 / 小时
旋 翼 直 径	11.9 米	最 大 航 程	1000 千米
机　　高	3.35 米	实 用 升 限	4725 米
空　　重	2530 千克	爬　升　率	10.2 米 / 秒
最大起飞重量	4600 千克	主 要 武 器	1 门 20 毫米机关炮，8 枚反坦克导弹，4 个 12.7 毫米机枪或 81 毫米火箭吊舱

个吊舱携带火箭 12 枚）。另外，还可携带“毒刺”空空导弹。机上装有由 2 台计算机控制的综合多功能火控系统，以及雷达告警接收机、激光告警接收机、雷达干扰机或红外干扰机或干扰箔条布撒机等主动和被动自卫系统。

（九）美国 OH-58D 观察攻击直升机

OH-58D 型直升机是美国陆军为适应 90 年代战场侦察任务的要求，在 OH-58A 的基础上研制的双座侦察和攻击直升机，由贝尔直升机公司生产，称为“基奥瓦”。1981 年开始研制，1983 年首飞，1985 年 12 月首次交付。海湾战争以后，美军又对 OH-58D 进行改进，改进后称为“基奥瓦战士”（Kiowa Warrior），编号为 OH-58X。

OH-58D 主要用于战场侦察，配有桅杆式 MMS 光电侦察系统，是一种全天候侦察直升机，能在白昼、黑夜和恶劣气象条件下，在较远距离上发现和识别目标。其旋翼上方有一个“球形”物体，前方还有两个突出的“眼睛”，这就是 OH-58D 的核心部位。虽然这个侦察系统体积不大，但里面装有可放大 12 倍的电视摄像机，有自动聚焦的红外线成像传感器，以及激光测距仪，最大探测距离达 10 千米。

由于 MMS 光电侦察系统高高在上，可进行俯仰方向 30°、水平方向 190° 旋转，因此，它可躲在小山丘和树丛后面，为 AH-1“眼镜蛇”、地面作战部队和炮兵提供全方位的战场监视、目标定位，通过激光测距光标器为“铜斑蛇”激光制导炮弹和反坦克导弹指示目标和引导攻击，也被称为“树梢上的观察所”。

虽然 OH-58D 身材短小，但它不仅是一架观察直升机，也是一架攻击直升机，能够携带 4 枚“毒刺”空空导弹或 4 枚“地狱火”反坦克导弹，或 2 个 7 管 70 毫米火箭发射巢，或 2 个 7.62 毫米、12.7 毫米机枪吊舱。

主要参数			
乘员	2 人	巡航速度	204 千米 / 小时
机长	12.85 米	最大航程	556 千米
旋翼直径	10.67 米	实用升限	4575 米
机高	3.93 米	爬升率	8.2 米 / 秒
空重	1737 千克	续航时间	2 小时
最大起飞重量	2495 千克	主要武器	4 枚“毒刺”空空导弹或“地狱火”反坦克导弹，或 2 个 7 管 70 毫米火箭发射巢，或 2 挺 7.62 毫米、12.7 毫米机枪
最大飞行速度	240 千米 / 小时		

美国 OH-58D 观察攻击直升机

（十）美国“黑鹰”直升机

UH-60“黑鹰”直升机是美军装备数量最多的一种直升机，由美国西科斯基飞机公司制造，主要担负战术运输、战场救援、战场侦察、空中指挥、电子战和反潜等任务。该机以美国索克/福克斯印地安部族命名，绰号“黑鹰”，区分有民用版和军用版。民用版主要有S-70A、S-70B；军用版包括陆军型UH-60A、UH-60L、EH-60C、MH-60K，空军型HH-60A、MH-60G，海军型SH-60B、HH-60H、HH-60J等。

1972年，美国陆军提出要建造新型直升机用来替换UH-1直升机。1972年8月，西科斯基公司在与波音公司的竞争中获胜。1974年10月，西科斯基公司生产的第一架原型机（YUH-60）实现首飞，1978年投产，1979年进入美国陆军服役，1989年停产，20世纪80年代末升级为UH-60L。目前，主力机型为UH-60A、UH-60L。

“黑鹰”直升机最大起飞重量约10吨，可装载货物1170千克，或者装载1门105毫米榴弹炮、30发炮弹和4名炮手，或者搭载11名全副武装的步兵，紧急时可搭载19名，也可以将8个机舱座椅去掉，摆放4个担架。该机机身下部还有一个货运挂钩，起吊重量4050千克，可通过外挂的方式将火炮、车辆、物资、器材等运往前方。

“黑鹰”直升机机身强度大，安全性能好。机身可抗 7.62 毫米子弹打击，驾驶舱装有装甲防弹座椅，被 1 发 23 毫米炮弹击中后仍可飞行 30 分钟。驾驶舱可承受垂直坠毁速度为 11.5 米 / 秒，直升机坠毁后，人员生存率达 85%。当时美军之所以选中该机，就是看中了这一点。在一次试飞过程中，该机意外坠落，大家都以为飞行员已经死了，但隔了一会儿，飞行员居然安全走了出来。

该机不仅大量装备美军，还出口到 20 多个国家和地区。该机最大升限可达 6000 米，具有良好的高原适应性。

主要参数（UH-60L）			
乘员	4 人	最大飞行速度	357 千米 / 小时
机长	19.76 米	巡航速度	278 千米 / 小时
旋翼直径	16.36 米	最大航程	2200 千米
机身宽	2.36 米	实用升限	5790 米
机高	5.13 米	爬升率	4.5 米 / 秒
空重	4819 千克	续航时间	2 小时 18 分（UH-60A）、4 小时 51 分（MH-60G）
最大起飞重量	10660 千克	主要武器	2 挺 7.62 毫米机枪“地狱火”反坦克导弹，“毒刺”空空导弹，70 毫米火箭发射装置

美国“黑鹰 UH-60A”救援直升机

三、直升机背后的故事

（一）世界上第一次直升机空战

翻开中东的版图，我们不难发现有一条阿拉伯河，河的两岸分别为伊拉克和伊朗两个伊斯兰国家。该河由底格里斯河和幼发拉底河汇流而成，最后流入波斯湾，全长204千米，其中99千米在伊拉克境内，105千米是界河，是伊拉克的唯一出海口，也是伊朗通往海上的一条重要通道。

由于领土、宗教以及历史宿怨等问题，1980年9月22日拂晓，伊拉克出动大批飞机，对伊朗首都德黑兰、提斯孚尔、大不里士、阿瓦士、克尔曼沙赫等15个城市的空军基地展开了袭击。由此，历时8年的两伊战争全面爆发。

海湾地区这两个国家国土面积不小，经济实力不差，他们的军队可以说是分别由苏联和美国武装起来的。伊拉克的武器装备主要来源于苏联，其陆军装备有大量的米–24武装直升机；伊朗的武器装备主要来源于美国，装备有大量的AH–1J“眼镜蛇”攻击直升机。

两伊战争爆发后，伊拉克地面部队推进速度迅猛，在1个多月的时间里突入伊朗纵深10～30千米，约5万余人的兵力包围了伊朗的石油主要产地胡齐斯坦的一些战略要地。此时，伊朗的150架“眼镜蛇”攻击直升机倾巢出动，使用反坦克导弹等多种武器，迟滞伊拉克部队。

在后来的提斯孚尔一次战斗中，伊朗的“眼镜蛇”攻击直升机在短短5分钟内就击毁了伊拉克18辆坦克。然而，伊拉克的武装直升机也不是吃素的，在1982年7月的“斋月”作战中，伊拉克的武装直升机与地面部队协同作战，将密集的子弹、火箭、导弹抛向伊军的阵地和坦克装甲目标，在这一次行动中伊朗损失惨重。

但是这些战斗还是直升机打坦克的战斗，因为武装直升机毕竟是用来打坦克的。然而，1983年9月14日这一天情况发生了变化。当天，一架伊拉克的米–24D武装直升机正在伊拉克巴斯拉港前线执行任务，驾驶员警惕地观察着战场情况，突然

发现一架伊朗的 AH-1J“眼镜蛇”攻击直升机由远而近快速驶来。

米 -24D 是苏联研制的武装直升机，装有 1 挺 12.7 毫米 4 管机枪，可加挂 4 枚反坦克导弹，4 个火箭发射架，主要担负对地攻击任务，也具有一定的空战能力。AH-1J 是美国研制的攻击直升机，可装 1 ~ 2 挺机枪，也可装 1 门 20 毫米三管机炮，可加挂 4 枚反坦克导弹，主要担负对地攻击任务，也同样具有一定的空战能力。

虽然这两架直升机都具有一定的空战能力，但这两个飞行员却没经过什么空战训练，也毫无空战经验。但是，既然撞上了，不打看来是不行的。伊拉克飞行员驾驶米 -24 向伊朗的 AH-1J 冲了过去。

按道理讲，AH-1J“眼镜蛇”各方面性能也不错，但是由于伊朗 20 世纪 70 年代后期推行反美政策，美国停止了对伊朗的直升机零部件供应，加上使用维护管理不当，其战斗性能大打折扣。发现米 -24 飞了过来，伊朗飞行员驾驶“眼镜蛇”转身就跑。

一看到马上到嘴的猎物要跑，伊拉克飞行员立马追了过去。就这样，一架直升机在前面跑，一架直升机在后面追。前面的那架转弯，后面的那架也跟着转弯；前面的那架向上爬升，后面的那架也跟着向上爬升。两架直升机好像就是在空中进行飞行表演一般。就在追着追着的过程中，米 -24 直升机的 12.7 毫米机枪响了，伴随着清脆的机枪声音，暴雨般的子弹飞向了 AH-1J，只见前面的“眼镜蛇”扭动着身体坠向了地面。

这就是世界上第一次直升机和直升机之间进行的空战。此次战斗以米 -24 胜利宣告结束，由此拉开了直升机空战的序幕。据统计，两伊战争中，直升机共参与了 174 次空中战斗，其中有 56 次是直升机与直升机面对面的作战，118 次是直升机与固定翼飞机之间的作战。

（二）秘密猎杀本·拉登

美国东部时间2001年9月11日早晨8时40分，纽约世界贸易中心的两幢110层高的摩天大楼遭到了2架民航飞机的撞击，这2座高楼连同附近的5座建筑轰然倒塌。这是谁干的呢？美国人断定这就是由恐怖主义分子的头目本·拉登一手策划的。因此，抓住本·拉登就成为了美国人的最为迫切的一件事。

但是，本·拉登可不是好抓的。奥萨马·本·拉登，1957年3月10出生于沙特一个建筑业富商家庭，家中排行17，1979年放弃了大学学业，参加了反抗苏联侵略阿富汗的斗争，1988年建立基地组织，1996年以后长期居住在阿富汗，拥有数十亿美元家产，是一个极端的伊斯兰教恐怖分子，曾策划多起恐怖袭击活动。

美国开始向阿富汗要人，但是支持本·拉登的塔利班政府并没有答应美国人的要求。2001年10月7日，一场旨在推翻塔利班政权，捉拿本·拉登的军事行动开始了。根本就不是美国对手的塔利班政权很快就倒台了，但是，本·拉登却不见了踪影。

有人说，本·拉登逃回了沙特；有人说，本·拉登跑到了非洲；有人说，本·拉登还在阿富汗境内；有人说，本·拉登跑到了巴基斯坦内；有人说，本·拉登躲进了山区；有人说，本·拉登整了容，就生活在城市里……本·拉登到底在哪呢？恐怕世界上没有比美国人更想知道答案的了。

2011年5月，追踪了10年之久的本·拉登终于有了准确的消息。据线人报告，本·拉登躲藏在巴基斯坦开伯尔·普什图省的一个重要城市阿伯塔马德。在阿伯塔马德的比拉尔镇卡库尔公路旁座落着一个别墅，大小约为其他房屋的8倍，四周用围墙围着，围墙上面安有铁丝网，外面的人看不到里面，里面的人也很少出来，没有电话和互联网，垃圾都是在院里就地焚烧，从来不往外运送垃圾，附近的居民根本不知道里面住的是谁。

正是这座特殊的建筑引起了美国情报人员的注意，由此他们断定，里面住的肯

定是一位“特殊人物”，极有可能就是拉登。2011 年 4 月 29 日，美国总统奥巴马定下最后决心，下令捕杀拉登。为了确保此次行动成功，美国将这次任务交给了海军海豹突击队第六分队。

海豹突击队是世界十大特种部队之一，执行的任务涉及美国的核心机密，外界很少有人知道他们会在什么地方执行什么任务。据说，现役海豹突击队队员只有200多名，训练极为严格，淘汰率高达70%，个个身手非凡，是世界上公认的最为神秘、最具震慑力的特种作战部队之一。

在巴基斯坦境内捕杀拉登可不是开玩笑的，为了保密起见，美国根本没将此事通报给巴基斯坦。为了确保海豹突击队一击成功，美国人精心为他们准备了 2 架直升机。4 月 30 日凌晨，2 架美军直升机搭载着 23 名海豹突击队员和 1 名翻译向阿伯塔马德飞了过去。美国国内，总统奥巴马、副总统拜登、国务卿希拉里、国防部长盖茨、中情局局长帕内塔坐在电视机前观看着海豹突击队的一举一动。

为了防止意外，确保海豹突击队员能够顺利撤出巴基斯坦，在搭载海豹突击队员的直升机出发后45分钟，4架MH-47“支奴干”直升机搭载另外25名海豹突击队员也出发了。作为接应力量，其中 2 架飞到巴基斯坦和阿富汗边境，停在阿富汗一侧；另外 2 架进入巴基斯坦西北部，降落在一个无人居住的山谷的干涸河床上，随时准备应对突发情况。

经过 90 多分钟的秘密飞行，5 月 1 日凌晨 1 时 15 分左右，2 架直升机悄悄地靠近了拉登的住所，按照战前演练，一架直升机降落在院子里，由地面发起攻击；一架悬停在屋顶上方，从上向下攻击。不巧的是准备降落在院子里的那架直升机在降落途中摔了下来，幸好没有人员伤亡。另外一架上的海豹突击队员顺着绳索快速滑了下来，冲进了屋子，一阵枪声过后，本·拉登和另外 4 名人员当场被击毙。

搭载海豹突击队员猎杀本·拉登的到底是哪种直升机，一直以来扑朔迷离，有人说是“黑鹰”，有人说是美军的一种新式隐形直升机。为了防止泄密，撤离前海豹突击队员将那架摔坏的直升机炸毁了，现场只留下了直升机尾翼的残骸。2011 年年底，美国网站上出现了几张神秘的隐身直升机的图片，拍摄地点位于加利福尼亚州的托兰斯机场，许多人认为这很可能就是执行捕杀本·拉登任务的直升机。